麻ことのはなし

ヒーリングヘンプの詩と真実

中山康直

評言社

本扉オモテ
超古代からマザーアースを守護してきた太陽信仰**「縄文ムーの神」**（Art by MARI）

本扉ウラ
麻の神「サンタマリアの祈り」（Art by タダヨシ・ニラーブ・アライ）

まえがき ―運命の麻の糸―

今から二十三年前、中学生だった頃、私はある不思議な体験をしました。

海に近いところで育ったということもあり、泳ぎが得意なほうだったのですが、友だちと池で泳いで遊んでいるうちに、なぜか溺れてしまいました。

そして、池の中に吸い込まれるような感じで、もがきながら池に沈んでいきました。はい上がろうと必死で抵抗しましたが、すでに冷静さを失っていたこともあり、無駄な抵抗でした。息ができなくて苦しくてどうしようもありません。

そのうちに、あきらめて私は死を覚悟しました。というよりも死を受容するしかなかったのです。死を受容したとたんに、まるで水の中でも呼吸ができるように、苦しくなくなりました。それと同時に、その池の中にいる自分を客観的に見ている自分がいることに気がつきました。

それまでの短い人生が走馬燈のようにめぐりました。形容しがたい安らぎと気持ちよさが訪れたとき、大いなる感謝が湧き起こり、私は光に包まれていました。

そして、その光の中は、すべての人たちがいました。不思議なことに、どこで誰がなにをしているのか、はっきりわかりました。

人だけではなくあらゆる存在たちがいました。その中で私は、お花畑のような緑色の植物の群生を見ました。その植物たちのやさしい癒しのエネルギーを感じたのを最後に意識がなくなりました。

次に気づいたときには、池のほとりに横たわっており、一命をとりとめていました。

友だちも溺れたのは知っていましたが、なにごともなかったような感じでした。

私も実に不思議な感じで、なにごともなかったようにその場を離れました。しかし、心の中では、この神秘体験をはっきりと覚えていますから、ある意識が芽生えました。

それは、死とはなにか？

人間とはなにか？

生命とはなにか？

宇宙とはなにか？

そして、自分とはなにか？

という疑問でした。

これらについて現代科学は、まったく無力です。偉そうにしている学校の先生もなにひとつ教えてくれません。生命や宇宙について書かれている文献もたくさんありましたが、なにかそのときの私には釈然としませんでした。

遊びざかりのこの時期、そのうちにこの疑問は、胸の奥にしまわれていきました。

しかし、この疑問は私の最大のテーマには変わりありませんでした。

そして、この不思議な体験から七年後、ある糸口が見つかりました。

アジアを旅行中に、自生している大麻の群生に出会いました。

びっくりしました。

野生の大麻の群生を見るのも初めてですが、あの七年前の神秘体験のときに光の中で見た緑の植物たちと同じだったことに衝撃がはしりました。

それと同時に、この植物を手繰っていけば、人生最大のテーマである「自分とはなにか」という疑問がとけると直感しました。

私は、さっそく日本に帰って文献を調べました。そして、少しづついろんなことがわかってきました。
◎大麻という植物はあらゆる面にわたって有用性があること。

◎古代から神聖なものとして活用されてきた植物であること。
◎太古から人類に様々な恩恵を与えてくれた植物であること。

その結果、この石油より安全で無尽蔵な天然資源を規制している人類の集合意識と現代社会の価値体系がおかしいと気づきました。この植物が現代社会の矛盾を象徴した役割があるのなら、とことん調べてみようと思いました。

また、自分の先祖がこの植物と関わっていた事実がわかったことから、真剣にこの植物を通して、「自分とはなにか」を研究していく決心をしました。

それから十六年、未だに研究中です。

大麻のもつ特性の中で現代の社会がもっとも懸念している薬理効果をむやみに助長するつもりは、さらさらありません。私としては、植物としてひとつの命をもつ大麻の様々な効用の必然性を素直に、そして、前向きにとらえ、混迷を迎えている現在の世の中に、すばらしい可能性を提供し、幸せな未来を共有したいと考えているだけです。

水の惑星である青い地球は、無条件にきれいです。

きれいなものは、きれいです。よいものは、よいです。子供たちは知っています。

私は、今から二十三年前のあの日、天から降ろされた麻の糸によって助けられたのかもしれません。本当にありがたく思っています。

すべての存在に感謝を捧げつつ、本書がなんらかのお役に立てるよう、精一杯、お伝えさせてもらおうと思っています。

明るい未来に向かって☆

二〇〇一年　七月二十六日　マヤ暦新年あさ

著者しるす

目次◎麻ことのはなし

目次

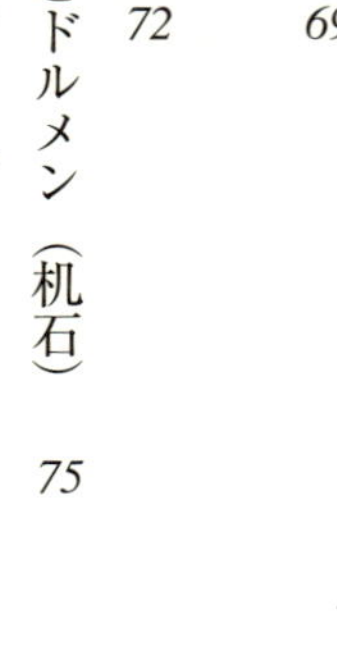

三の章　宇宙文化と大麻のはなし——125

一の章 ✡ 地球を元気にする大麻

天然循環資源の復活

この美しい惑星地球には、太古より人類に様々な恩恵を与え、生命の進化に貢献してきた存在たちが、たくさん育まれています。動植物や鉱物、微生物たちは、地球をひとつの生命体とした場合、生態系ネットワークそのものであり、人類にとって貴重な影響と繁栄をもたらし、ともに進化してきた存在です。

現在の地球文化は、人類の近視眼的な集合意識から環境が破壊され、それにともない健康が悪化し、現実的に危機的な状態を迎えていますが、この状態を打開し、循環型調和社会を構築して本来のあるがままの地球の愛に目覚めるうえで、超古代から活用されてきた天然循環資源である大麻が見直されてきています。現実に地球レベルで進んでいる、この環境破壊や健康悪化をごく自然に中和する古来からの知恵があるとすれば、すばらしいことではないでしょうか。

これから述べるように、大麻は地球という名の神様が育む本当にすばらしい植物であり、人類にとって、最高の天然資源のひとつであるといえるのです。

大麻という環境植物

大麻は本来、「おおあさ」と呼ばれ、英語では「ヘンプ」といわれる雌雄異株のアサ科の一

産業用の大麻畑

年草で、学名は「カンナビス・サティバ・リンネ」といいます。環境的にいっても精神的にいっても太古から人類社会に役立ってきた伝統植物であり、環境に優しくバランスをとりながら、様々な資源になりえる「産業用」エコプラントなのです。

品種や環境によっても異なりますが、丈は平均三メートルから最大五メートルぐらいになります。葉は一、三、五、七、九…枚の奇数の小葉からなる掌状葉で、柄が長く、小葉の枚数は、生育段階で異なっています。

雄花は花粉が広がりやすいように枝端に総状に咲きます。雌花は、柄の付け根に単生花を開きますが、花は無柄できわめて小さいものです。

開花のあと受粉したプラントは実を結びま

す。種子は麻《お》の実《み》といい、たとえば、七味唐辛子の中の一味として、古来から食文化の中でも活躍してきたものです。夏から秋にかけての時期に茎を刈り取り、繊維をとるために皮をはぎますが、この皮を麻（オ）といいます。皮をはいで残った殻は麻殻《おがら》といって、昔は懐炉灰の原料にしました。また、お盆のとき、門火に麻殻を焚く風習は今でも残っています。

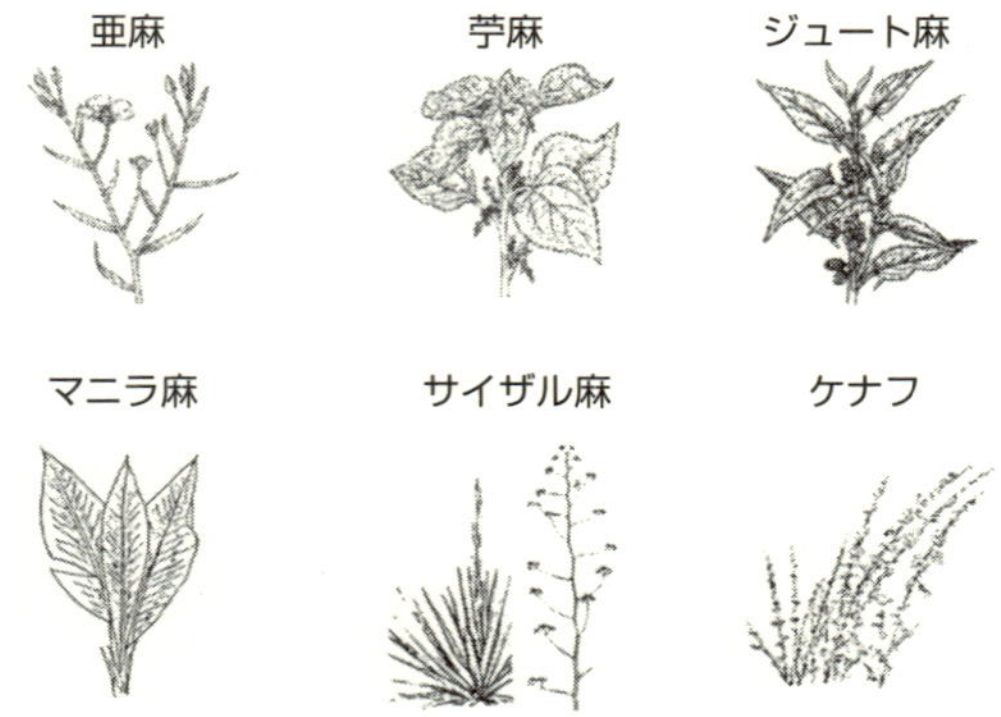

様々な麻の種類（ヘンプがわかる55の質問より）

　日本に古くから自生していた麻は大麻と苧麻《ちょま》で、大麻は「オ」とか「ソ」といい、野生の苧麻のことをカラムシあるいはマオトと呼んでいました。植物学的には種類は違っていても繊維を取る植物ならば麻と総称しています。

　黄麻《おうま》はツナソともいい、インド原産のシナノキ科の一年草で、茎からとった繊維をジュートといいます。

　苧麻はイラクサ科で、繊維は最も強力でラミーといいますが、弾力性に欠けます。

　亜麻はアマ科の一年草で、亜麻の繊維はリネンといい、一般的には麻類の中でも最良質とされています。種子から取れる油は亜麻仁油といい、たいへん良質な油であり、用途が広く絵の具やペンキなどにも用います。

ケナフはアオイ科の一年草で主に紙の原材料として使われています。

ボンベイ麻はアンバリーヘンプともいい、繊維はジュートに似ています。

マニラ麻はバショウ科の多年草で、長い葉柄は集まって茎状をなしています。バナナの木に似ていて、葉柄から繊維をとります。

サイザル麻はリュウゼツランとも呼ばれ、ヒガンバナ科の多年草で、葉は叢生し、その葉から繊維をとります。

この他にも麻といわれているものは非常に多いのですが、日本で麻といえば、古代日本の精神的文化と関係することからも大麻のことを指します。昔は、桑、漆、茶、楮および紅花、藍、大麻を四木三草といい、産業用としても主要な植物でした。

大麻はヘンプ、マリファナ、カンナビス、ガンジャ、グラス、ウィード、サンタマリアなどと世界中でいろいろな呼び方をされています。

麻薬という言葉にも麻の字が使われていますが、本質的には、麻薬の麻は麻酔薬の魔であり、一歩間違うと鬼がついてきます。麻薬は、阿片、モルヒネ、ヘロインのように麻酔作用をもち、鎮痛剤や麻酔剤として医療用に使われますが、常用すると習慣性となり、中毒症状や禁断症状を引き起こし、致死量もあります。しかし、大麻には、これらの症状に当てはまる性質はなく、致死量もありません。法律的にも、麻薬取締法と大麻取締法は別の法律として位置づけられており、実質的にも麻薬とは違う分類になっています。

現在の一般的な認識では、大麻が法律で規制されているということもあって、なにか恐ろしい麻薬という固定観念ができあがっているので、大麻の本来の意味が見えにくくなっているのです。

植物資源である大麻のリアリティー

このような循環型植物である大麻が、どうして世界的に規制されたかといえば、一九〇〇年代の初頭に石油資源を中心に経済を発展させようという政治的、経済優先的な考え方の中で、大麻産業のような循環産業が石油化学産業を推進する時代の流れには不必要だと理解され、大麻をはじめとした多くの天然循環資源が衰退していったという歴史的な背景があります。

しかし、最近の環境に配慮する意識から、半世紀以上の封印の末、環境植物である大麻が世界的に見直され始めています。

現在、ＥＵ諸国（欧州連合）をはじめとする諸外国では、ヘンプ産業は環境産業として確立され始め、あらゆる分野に活用されています。一九九三年にはイギリス、九四年オランダ、九

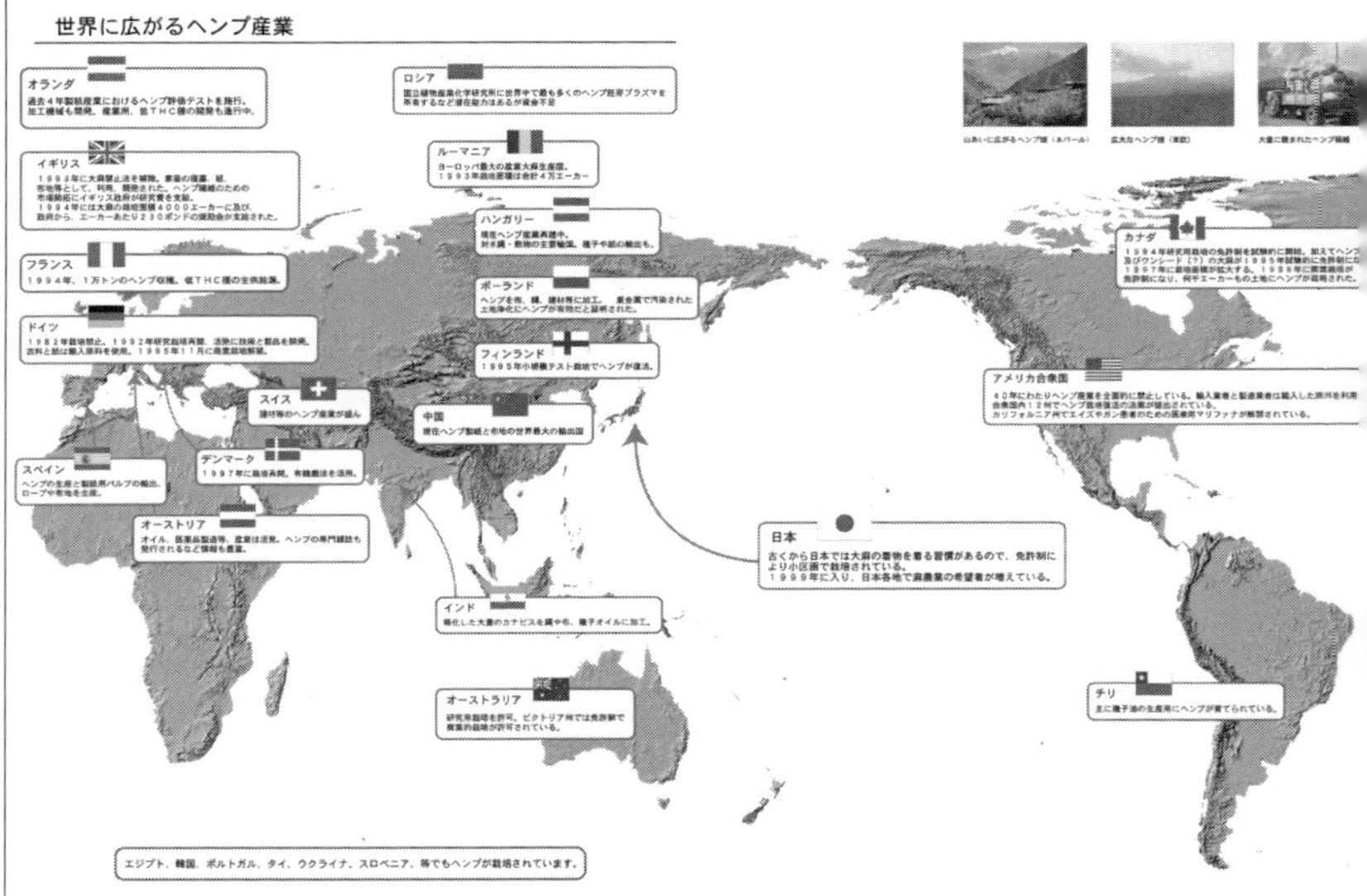

世界に広がるヘンプ産業の状況（提供：㈲THC）

五年オーストリア、九六年ドイツ、九八年カナダが産業用としての大麻栽培を解禁しています。ドイツでは、一九九八年に一ヘクタール（約三千坪）あたり、約九万円の栽培助成金を出し、産業用大麻の栽培を奨励しているほどです。すでに欧米では、ヘンプはひとつの産業として確立されつつあるのです。

日本では、古来から大麻は神聖なものとして取り扱われ、その昔、天上より大麻の草木を伝って、神々、神仏が降臨したとされています。

日本人は縄文時代以前の古代より、大麻を栽培し、生活に密着した植物として、様々なものに活用してきました。

大麻は罪穢れを祓う聖なる植物とし

伊勢神宮大麻

大麻（オオヌサ）

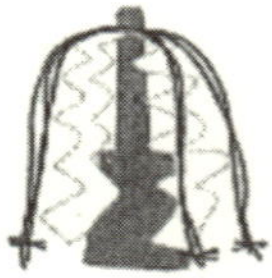

神社の注連縄や鈴縄

結納式の友白髪

新郎新婦が共に白髪（麻糸を使用）に
なるまで仲良くという意味を込めて

お盆の迎え火

おがら（麻幹）を使用

蚊帳

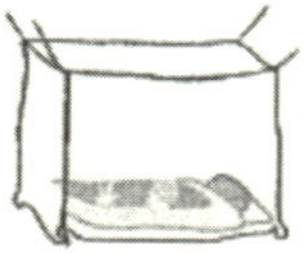

弓弦

凧上げの糸

花火の火薬

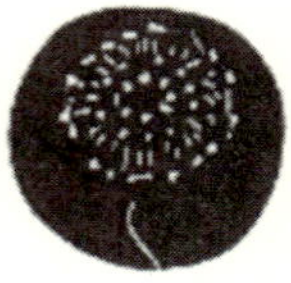

日本の伝統文化のなかの大麻（ヘンプがわかる55の質問より）

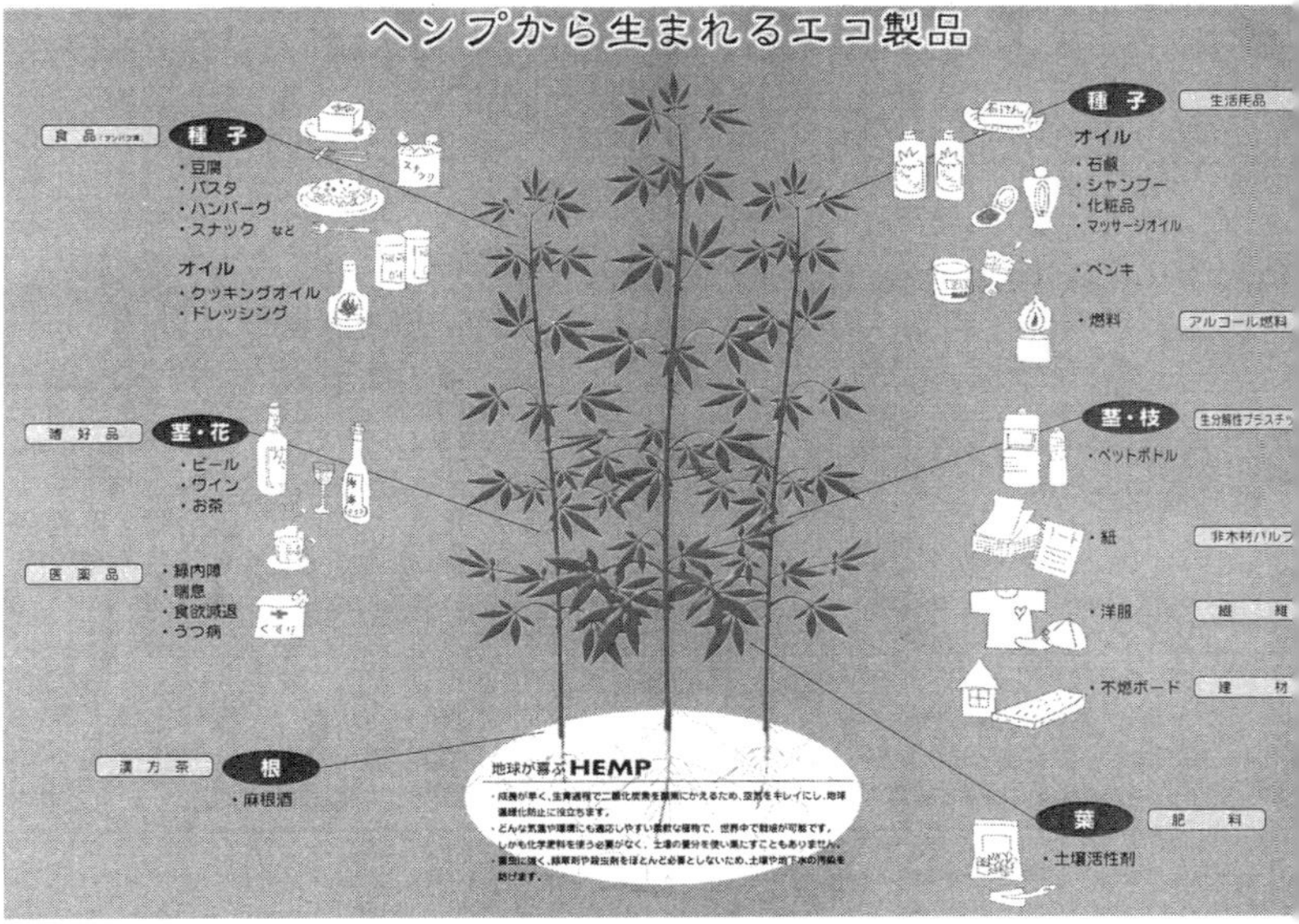

ヘンプから生まれる様々なエコ製品（提供：㈲THC）

て、神事的なものに多く利用され、お札（神宮大麻）や御幣、神社の鈴縄、注連縄《しめなわ》、巫女の髪紐、狩衣、お盆の迎え火など、いたるところで使われていました。また、大相撲の横綱の化粧まわし、下駄の鼻緒、凧揚げの糸や弓弦、花火の火薬などにも用いられ、日本の伝統文化の中でも、なくてはならないものでした。

それが、第二次世界大戦後にGHQ（占領軍）の占領下において、一九四八年の大麻取締法の制定により、国内の栽培者が減少の一途をたどり、石油化学産業の台頭と合わせ、栃木県、岐阜県、長野県、群馬県、岩手県などのごく一部の伝統地域を除い

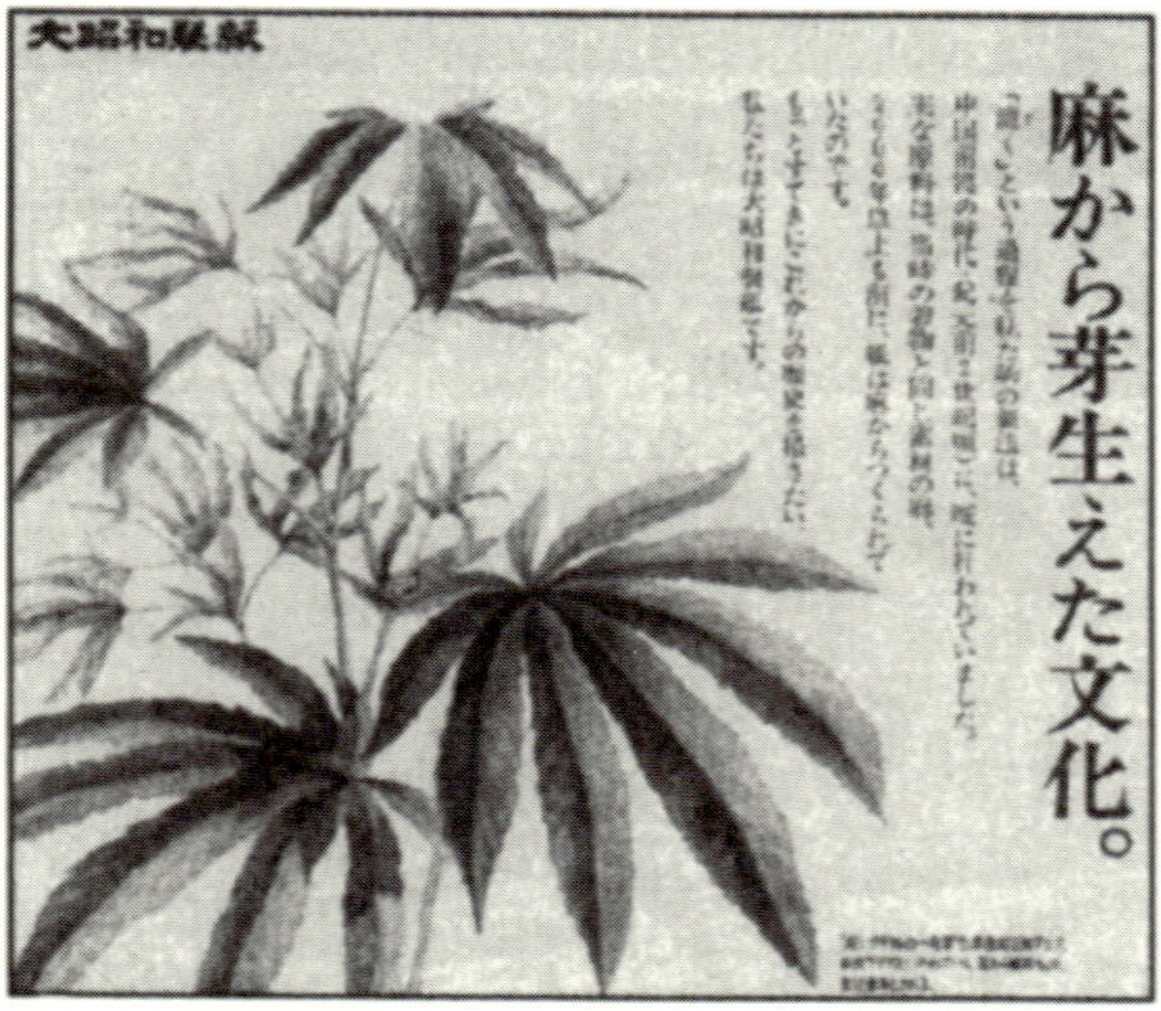

伝統的な大麻紙の宣伝広告（大昭和製紙：朝日新聞H9.7.25）

て大麻産業が衰退し、こうした一部の利用のみに限られています。

しかし、最近の衣料、化粧品としての輸入量は大きく拡大しており、日本紡績協会によると原料の輸入が九八年が三十八トンで、九九年一月から十月が累計で二百六十一トン（七・六八倍）であり、国内自給の声も高まってきています。

環境大麻としての有用性

〈紙〉

大麻の茎からは、紙、繊維製品、建材、プラスチックなどが製造できます。たとえば、大麻紙の原料である大麻パルプは木材パルプと比較しても耐久性にすぐれ、同じ栽培面積から木材パルプの四倍の紙

1．試験項目　　引張強力、水分発散率、水分吸収率

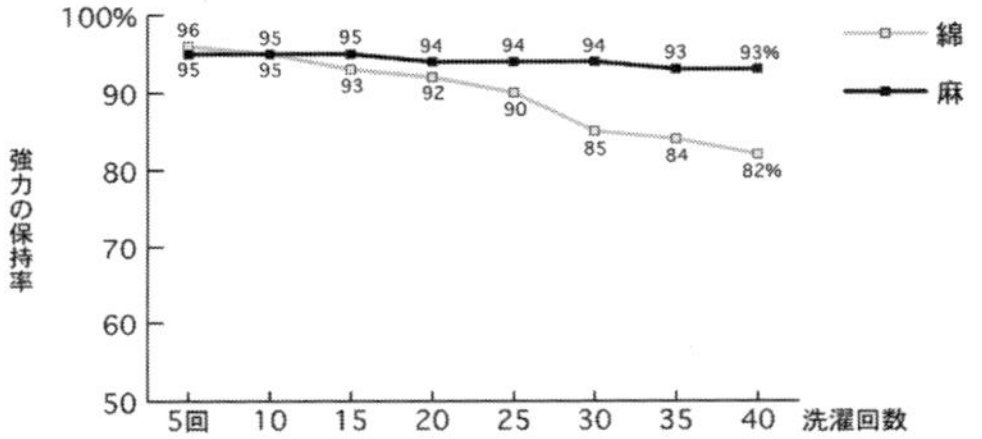

＊麻糸と綿糸の洗濯前の引張強力を１００％として、洗濯後の保持率を測定した。
結果、４０回の洗濯では、麻と綿の強力の差は１１％の開きがでた。

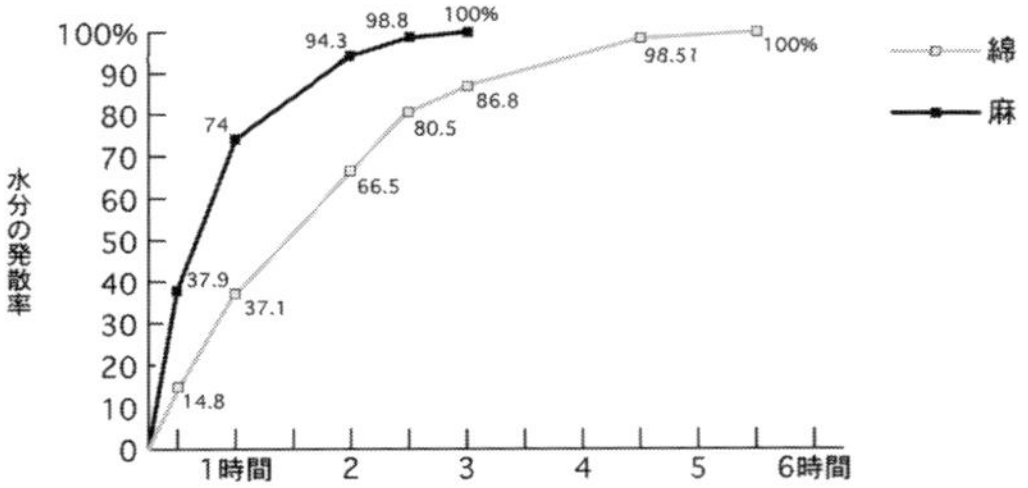

＊麻織物と綿織物を各１００ｇづつ用意し、飽和状態の室内で水分の吸収量を測定した。
麻は組織の断面形状に中空孔があるため、吸収時に中空部分に水分を含んでふくらみ、発散すると絞まるため、吸収、発散性に優れている。

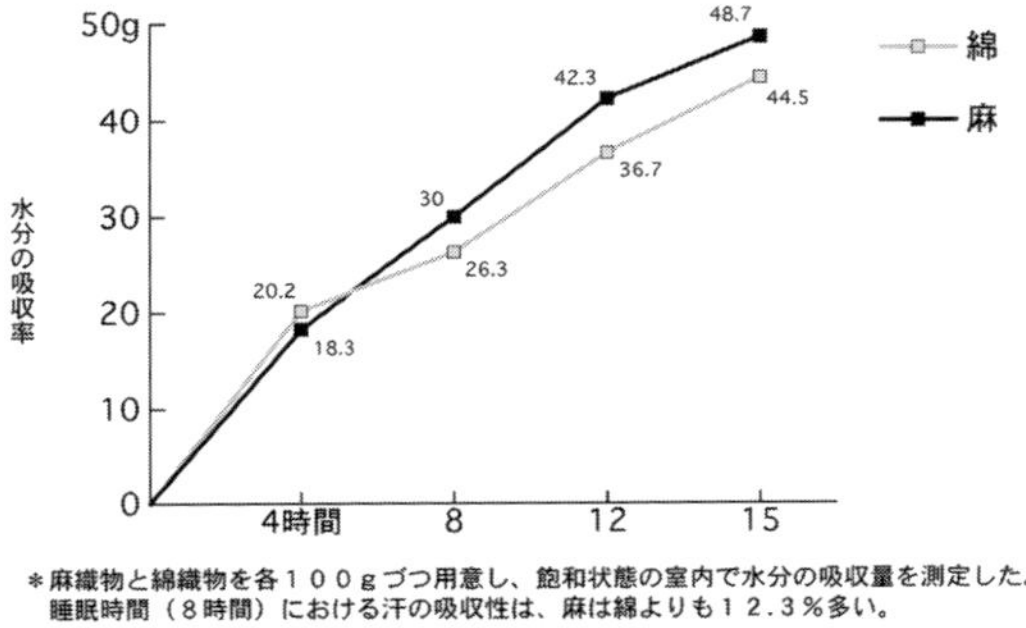

＊麻織物と綿織物を各１００ｇづつ用意し、飽和状態の室内で水分の吸収量を測定した。
睡眠時間（８時間）における汗の吸収性は、麻は綿よりも１２．３％多い。

麻と綿の繊維の性質の比較データ（提供：㈱THD）

を生産できます。また、製造過程で必要な塩素漂白は、環境に重大なダメージを与えますが、大麻紙は汚染物質を出さないＡＳＡパルプ化法を確立しています。

一七七六年のアメリカ独立宣言の起草文は大麻紙に書かれていますが、大麻紙は二百年たっても劣化がほとんどみられないほど耐久性が極めて高く上質で、一年草であることから数十年の生育期間をもつ木材と比較しても有利であり、森林伐採を食い止めることにも貢献できます。

ちなみに、ヨーロッパの全土の十二パーセントの土地に大麻を栽培したとしたら、その年の全世界の紙がまかなえるという調査結果も出ています。つまり、紙にいたっては、森林にまったく頼らなくてもよいという調査報告です。

〈繊維〉

大麻の茎の皮からとれる繊維は、糸、紐、布、紙など多方面に利用されています。紙と同様に繊維製品や布類としても様々な生活用品が製造できるのです。

綿は繊維をとるための重要な作物ですが、一九九三年には十五万トン（世界の二十六パーセント）もの農薬が使用されました。綿の場合は、生育過程で何度も農薬を散布しなければならず、繊維から製品を作る過程でも大量の化学薬品を必要としますが、大麻は農薬や化学肥料を使用しないでも生育するため、生産コストも安くなります。さらに、大麻繊維は綿繊維より四倍の耐久性をもち、単位面積あたり、綿の三倍から五倍の数量を生産できます。

大麻の繊維は、石油化学繊維と比較して着心地も良く、着用したときに人体に優しく、肌が敏感な体質の人にも適しています。また、日本の伝統的な技法にしたがえば、大麻の布はシルクのようにしなやかになり、その光沢は黄金色で、まばゆいばかりに輝いた最高のものに仕上がります。

大麻繊維は通気性と吸水性にすぐれ、加工しだいで肌着に使うような柔らかいものから、ロープのような丈夫なものまで幅広く加工できます。コロンブスがアメリカ大陸を発見できたのも、大麻製の帆やロープだったおかげだといわれ、他の繊維だったらアメリカの歴史も大きく変わっていたことでしょう。

〈建材〉

フランスでは、大麻の茎をチップ状に砕いたものと石灰を混ぜて作ったボードや大麻繊維で作られた断熱材が商品化されており、これらを壁用建材として実際に使った環境住宅が五百棟ほど建てられています。天然資源ですから壁が呼吸し、温湿度の調整をして、夏は涼しく冬は暖かい複合建材として、省エネに役立っています。また、今問題とされている化学溶剤を使った発ガン住宅といわれるシックハウスや環境ホルモンなどの心配もなく、非常にクリーンな住宅素材といえます。

この建材としての大麻ボードは、どんな形にも成形しやすく、固まるとコンクリートのよう

フランスで建てられている大麻を原材料に使った住宅

に丈夫で、非常に高い耐火性もそなえており、この特性は住宅にとって最大の利点になります。

住宅産業は最大の木材消費産業です。百年以上かかって育つ木材を使って、三十年しかもたないような家を造っている現在の住宅事情から、半年で育つ大麻を使って、百年以上もつ家を造る環境住宅にシフトすることで住宅に対する意識は大きく変わり、結果として森林の保全や生物種の保護につながり、本来の生態系の回復に貢献していけることでしょう。

〈プラスチック〉

大麻の茎からは、環境に優しく、土に還元するバイオプラスチックを造ることができます。

一九二九年、アメリカのフォード社は、大麻の自動車への応用に着手、十二年間研究し、その研究成果を一九四一年にポピュラーメカニッ

フォード社が研究したヘンププラスチックカー
（オークラ出版：マリファナ・ブックより）

ク誌に「土から育ったオーガニックカー」というキャッチフレーズで掲載しましたが、ボディーのフレームはスチールを使用しましたが、ボディーの七十パーセントは大麻とサイザル麻と麦藁で造られ、残りの三十パーセントは大麻樹脂結合材から造られたヘンププラスチックボディーで、大麻の種子から搾取した油を燃料にして走らせる実験に成功しています。ちなみに、この車は同型のタイプの車と比較して、重量は三分の一で衝撃強度は十倍あるということでした。

大麻のバイオプラスチックは、石油系のプラスチックと比較すると燃やしても有害物質を出さない点や生分解が可能な点で非常に環境に優しく、抗菌作用も高いことから、環境プラスチックとしての可能性は革命的なものを秘めています。

〈燃料〉

地球温暖化の主原因は、燃料を燃やす際に放出される二酸化炭素ですが、これのほとんどが

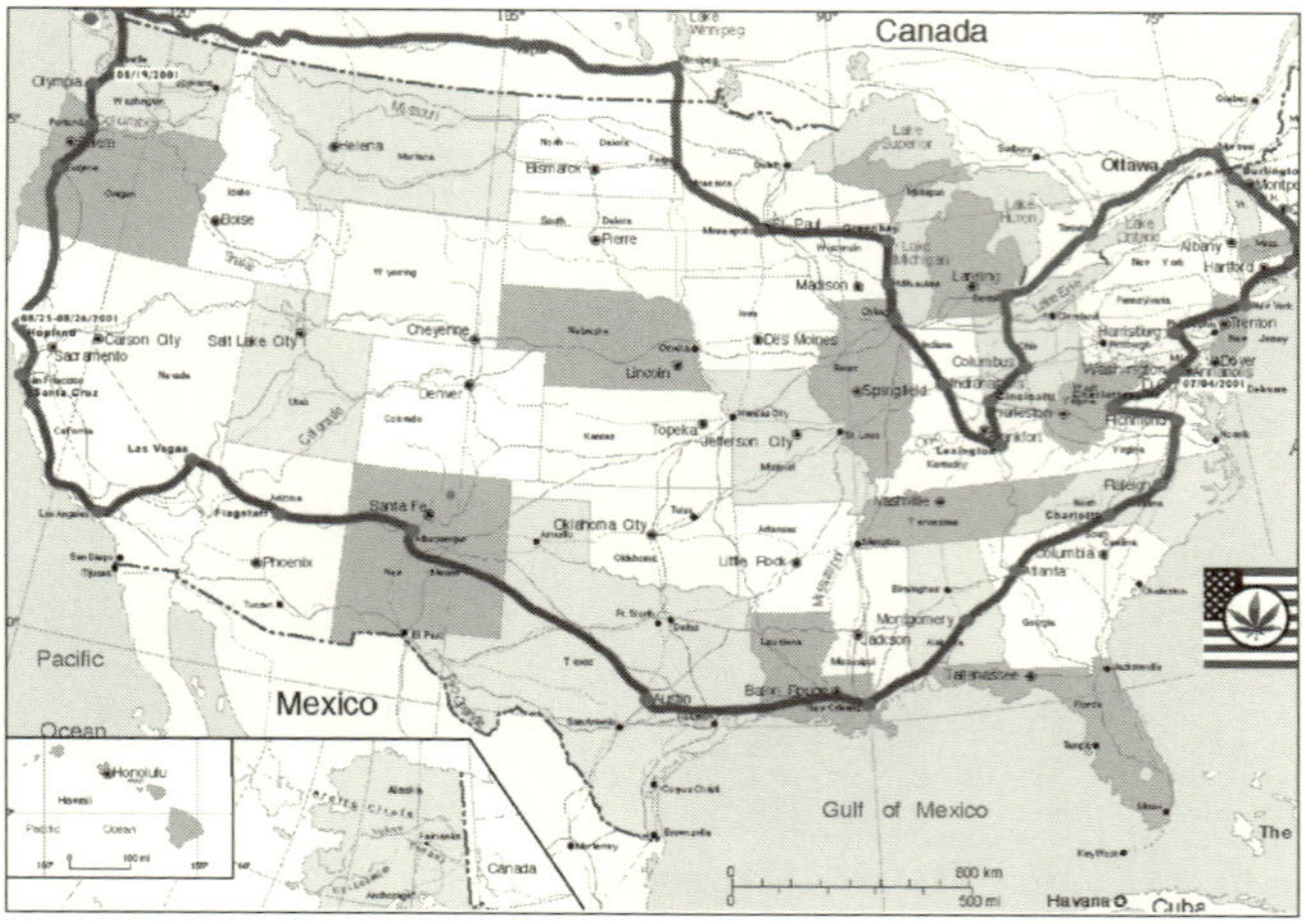

アメリカで行われているヘンプバイオディーゼル車の走行実験ルート
（2001年、アメリカヘンプカー･プロジェクトより）

石油石炭などの化石燃料に起因しています。

大麻の種子油や茎のセルロースからもディーゼル用油と同じような発火点をもつ燃料やメタノール・エタノールをつくることができます。メタノールは二十一世紀期待のクリーンエネルギーで、燃料電池の原料にもなります。

二〇〇一年七月、実際にアメリカでヘンプシードオイルを使ったバイオディーゼル車の走行実験プロジェクトが開始されました。実験車には、一九八五年製のメルセデス・ベンツのディーゼルターボ車が使用され、七月四日のアメリカの独立記念日にワシントンを出発、千マイルの走行テストを行っています。このプロジェクトの実験成果は、今後の燃料革命に大きな夢を与えることでしょう。

二〇〇二年には、日本でもヘンプカープロジェクトが実行され、四トンキャンピングカーがヘンプオイルで日本列島を縦断し、一万三千キロを走破する奇跡のプロジェクトが実現しました。このプロジェクトの成功により、さまざまな可能性が浮き彫りになりました（詳しくは、ヘンプカー事務局／電話03－3681－6861／http://www.hemp-revo.net/hempcar.html/）。

大麻から燃料をつくれば、化石燃料のように重金属や硫黄を放出しないので、酸性雨や大気汚染の問題も解決してくれる可能性があります。また、バイオマス（生物体）エネルギーである大麻は、生育段階で二酸化炭素を酸素に還元するもっとも環境負荷の少ないエネルギーのひとつです。

大麻は空気中の二酸化炭素を酸素に還元する力が他の植物よりも非常に大きく、落葉樹の三倍から四倍の二酸化炭素を吸収します。もし、北アメリカの六パーセントの土地で燃料用に大麻を栽培したならば、合衆国は化石燃料にまったく依存しないでもすむとリンオズボーンは「アメリカにおける農業によるエネルギー生産」という著書のなかで述べています。

日本は高度経済成長を経験し、すばらしい技術をもっていますが、高度経済成長の過程において環境を汚染している現実もあり、政府、企業、自治団体、行政機関などに、環境改善には大麻が非常に有効な植物であると認識してもらうことが必要です。

大麻油の分析値

脂肪酸分析値	
飽和脂肪酸	（全脂肪酸中）
パルミチン酸（16：0）	6〜9%
ステアリン酸（18：0）	2〜3.5%
アラギン酸（20：0）	1〜3%
ベヘン酸（22：0）	<0.3%
飽和脂肪酸合計	9〜11%
不飽和脂肪酸	（全脂肪酸中）
オレイン酸	8.5〜16%
リノール酸	53〜60%
γ-リノレン酸	1〜4%
α-リノレン酸	15〜25%
ステアリドン酸	0.4〜2%
エイコサエン酸	<0.5%
不飽和脂肪酸合計	89〜91%
化学分析値	
ビタミンE（100g中）	100〜150 mg（大部分がガンマ・トコフェロール）
	13〜20 IU（アルファ・トコフェロール換算値）
クロロフィル	50〜20 ppm
THC量	2〜20 ppm
比重	0.92 kg / l
ヨー素	155〜170
過酸化物	4〜7 meqO 2 / kg
遊離脂肪酸	1.5〜2.0%：オレイン酸として
リン脂質	100〜400 ppm
発煙点	165℃
融点	-8℃

栄養価の高い麻の種子と種子油の成分データ（未精製大麻油の平均値）

健康に役立つ麻の実

食材としての大麻の種子と、その種子から搾ったオイルが非常に良質で、人間の健康に貢献します。

大麻油は、燃料油、食用油、マッサージオイル、機械油、化粧品の原料、塗料の原料、健康補助食品などの多様な用途があります。そして、大麻油には保湿成分が多く含まれていますから、シャンプー、リンス、リップクリーム、石鹸など人や地球に優しい様々なコスメティック製品が製造できます。また、大麻油は人間の体内で生産することのできない、不飽和脂肪酸を八十パーセントも含んでおり、これは人類が使用している植物油の中では、最も含有率が高く、食用としてはもちろんのこと、マッサージオイルやヘアオイルなど体の外側からも健康の維持に役立ち、虫除けとしてや有害紫外線などから人体を保護することにも適しています。

大麻の実は、大豆と同等の蛋白質を含み、大豆より消化吸収されやすく、人間の体内では作り出すことのできない八種類の必須アミノ酸と不飽和脂肪酸のリノール酸とリノレン酸が三対一という完璧なバランスで保たれている理想的な完全食品なのです。

大麻の種子に含まれる栄養素は、人類の健康に多大な貢献をします。コレステロールがバランスコントロールされ、血液が浄化されてスムーズに流れるようになり、動脈硬化などを防ぐことにつながります。また、頭の働きも良くし、免疫力を高め、いつまでも若々しくいられる元気の元をそなえた、まさに、不老長寿の食材なのです。

以前、某民放のニュース番組の特集で、中国の山岳奥地にある不老長寿の村の生活様式を放映していました。村に伝わる長寿の秘訣は、昔から大麻を栽培し、種子を食に利用して健康的な生活をしているということでした。老人たちが自然の知恵をもち、元気であることから若者が老人を心から尊敬しており、高齢化社会のひとつの理想的な生活感覚ではないかと思いました。

昔から中国漢方では、大麻の実を「麻子仁」と呼び、その効能を「体や内臓を修復し、体力の根元となる活動力を増す。久しく服用すると体が充実し、健やかになり、不老神仙となる」と「神農本草経」に書いています。

ゴータマ・ブッタ（お釈迦様）は解脱を求めて修行をした七年の間、一日一粒の大麻の種子を食べたといわれ、世界中で生命を維持する食べ物として、古来から愛されてきました。

ヒーリングヘンプのテクノロジー

大麻からは、実に二万五千から五万種類もの工業製品を製造することが可能です。そのうえ、百日から二百日で育つ一年草ということもあり、森林伐採を食い止めることにもつながります。

さらに、大麻は成長が極めて早く、生育過程で二酸化炭素を酸素に変える還元率が高いため、空気をきれいにし、地球温暖化防止にも役立ちます。

また、ほとんどの環境に適応する柔軟な植物で、南極、北極、グリーンランド以外の世界中で栽培が可能であり、しかも、農薬や化学肥料を使う必要がなく、土壌の養分を使い果たすこともありません。

防虫効果と抗菌作用が極めて高く、害虫にも強く、除草剤や殺虫剤も必要としないため、土壌を改善し、地下水の汚染を防ぐことができます。エネルギー的にもたいへん調和的なヒーリングプラントであり、電磁波や放射線、紫外線などを中和する可能性が着目されています。まさに、現代の救世主となりえる地球を癒す植物、それが「ヒーリングヘンプ」なのです。

天然循環資源である大麻は、環境的に優しい素材だということに加えて、現代社会で問題になっている有害物質に対しての対応素材という可能性もあります。

大麻繊維は静電気を発生させません。昔、「カミナリ様が鳴ったら蚊帳の下に入れ」といわれていましたが、蚊帳は本来、大麻繊維から作られています。大麻には、電磁波や放射線などをある程度除去ないしは中和する可能性があります。

ＭＲＡやＬＦＴといった波動、つまり、そのものがもっている固有のバイブレーションを測定する機器がありますが、この測定器で携帯電話を測定するとマイナス数値を指します。ところが、大麻の繊維を携帯電話に取り付けて測定するとプラス数値にアップするという、たいへ

1. 試験項目　　　　　　　　　　　　　　電磁波シールド効果測定

2. 試料　　　　　　　　　　　　　　　（有）縄文エネルギー研究所　提供

3. 測定系統図

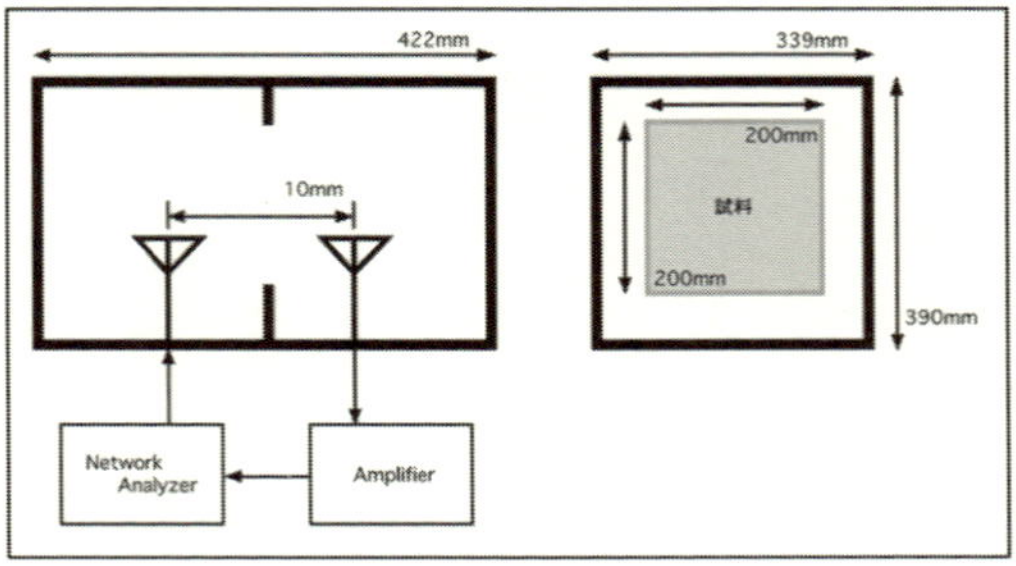

4. 測定条件
　1）測定方法　　　　　　　　　　　アドバンテスト法
　2）掃引周波数　　　　　　　　　　1MHz~1000MHz
　3）送受信アンテナ　　　　　　　　電界モード：モノポールアンテナ
　　　　　　　　　　　　　　　　　　磁界モード：ループアンテナ
　4）送受信アンテナ距離　　　　　　10mm

5. 使用機器
　・ネットワークアナライザー　　　　HP8753E
　・増幅器　　　　　　　　　　　　　HP8347A
　・シールド試験評価器　　　　　　　ADVANTEST　TR17301A

専門機器を使い、電磁波を発生させたところに麻布（20cm四方）を試験体としておき、シールド試験評価器で1MHzから1,000MHzまでの麻布の電磁波シールド効果を測定しましたそれによると、試験体の電磁波シールド効果に減衰はほとんどみられず（下表参照）、麻布が電磁波に影響されにくい素材であることが証明できたといえます。

麻布　シールド効果測定　（電界）

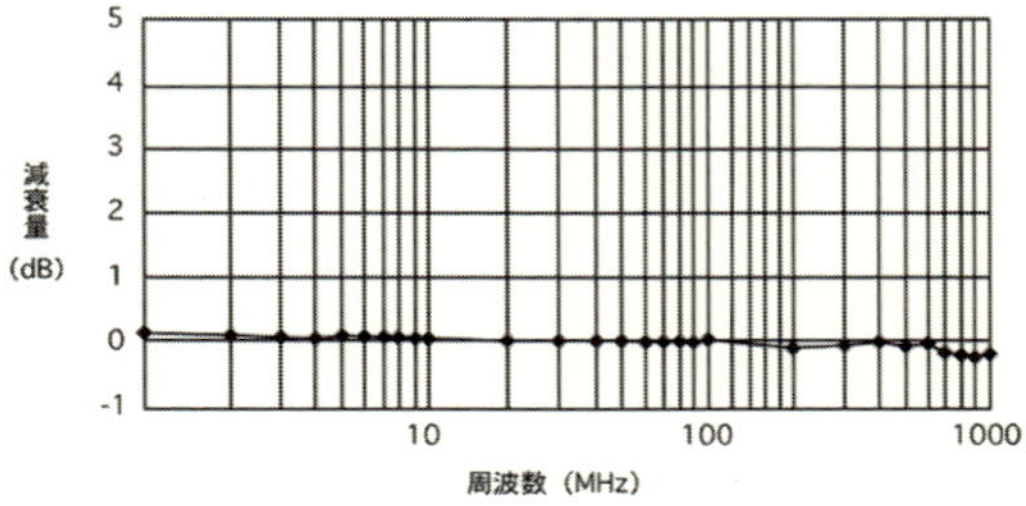

電磁波シールド測定結果のデータ

ん興味深い測定結果がえられました。しかし、この機器はまだ、現代科学では認知されていませんので、一般社会においては、その信憑性があるとはいえません。

現代社会で認知されている電磁波シールド測定法による測定では、大麻布の電界及び磁界シールド効果で、大麻繊維が電磁波に影響されにくい繊維であり、電磁波に対して、ある程度の中和効果が認められる測定結果が出ています。

古来から聖域を守るために、神社、仏閣などで大麻繊維を使って結界をつくっていたことは、古代人が直感的に大麻のもつ電磁波中和効果、つまり、罪穢れを祓う効果を知っていたということでしょう。

いずれにしても、これから予想される電磁波社会や有害物質社会の必須アイテムとして、電磁波や放射線、有害紫外線などの有害物を中和する可能性のある繊維製品、建材やプラスチック、健康製品など、あらゆる分野で大麻の素材とテクノロジーの有効活用が必要になるでしょう。

大麻取締法の歴史

ヨーロッパでは、西暦一二〇〇年に大麻を原料とした製紙工場ができ、大麻産業が事実上始まっています。アメリカでは、一九一六年の段階で、大麻の栽培を拡張しています。

しかし、一九二五年にアメリカ軍によるパナマ運河地方の大麻使用に関する調査報告が出さ

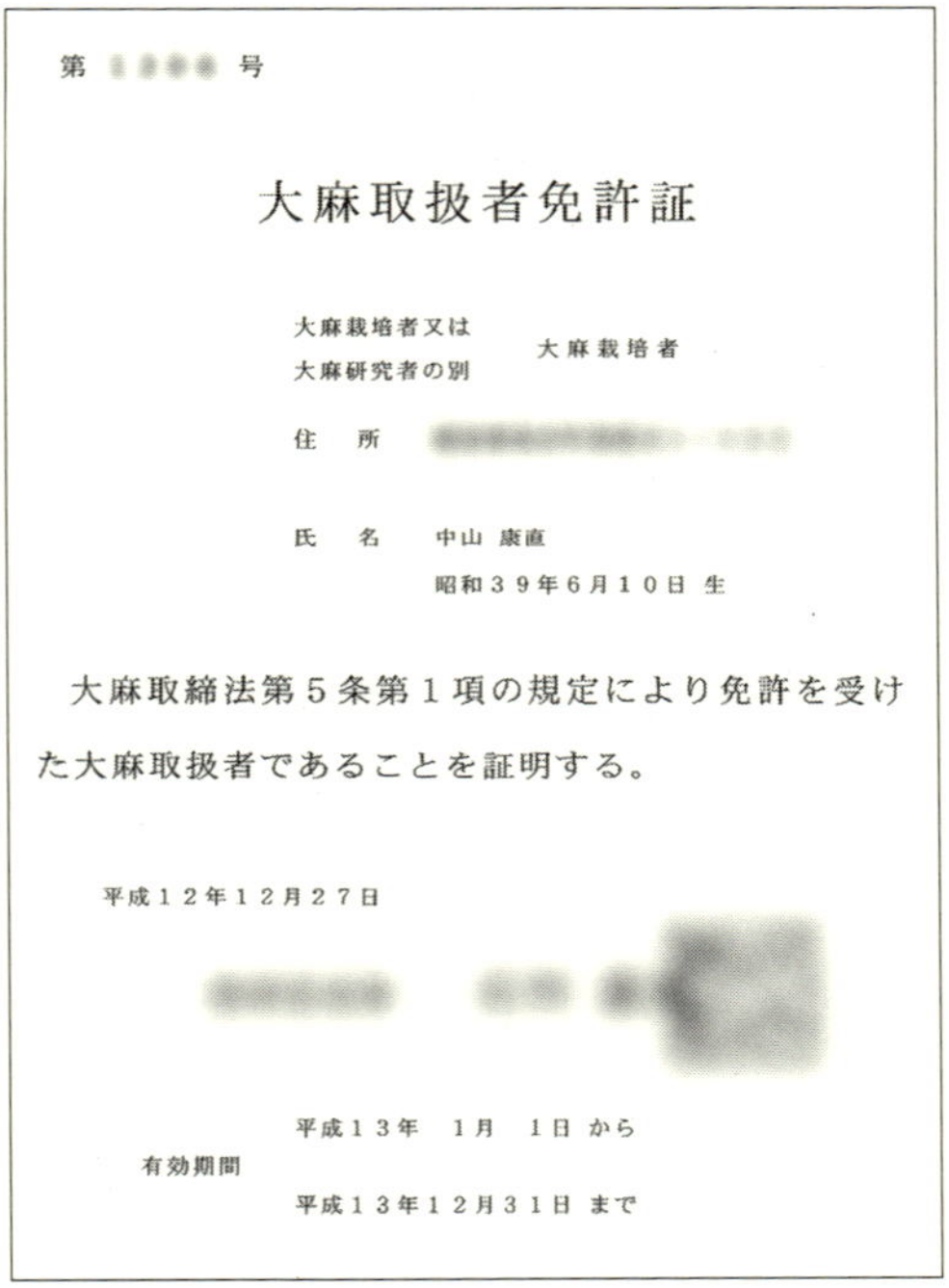
第[redacted]号

大麻取扱者免許証

大麻栽培者又は 大麻研究者の別	大麻栽培者
住　所	[redacted]
氏　名	中山 康直 昭和３９年６月１０日 生

大麻取締法第５条第１項の規定により免許を受けた大麻取扱者であることを証明する。

平成１２年１２月２７日

[redacted]

有効期間　平成１３年　１月　１日 から
　　　　　平成１３年１２月３１日 まで

大麻取扱者免許証

れて、大麻の使用に関する薬物的な懸念が生まれてきたことで、一九二九年にアメリカの十六州で大麻が禁止されました。この年にフォード社が、大麻を使った自動車の研究に着手しています。

一九三七年には、アメリカで大麻産業を活性化しようとする動きがあって、アメリカ農務省は「大麻が地球上で栽培できる植物の中で最も有益である」という声明をだしました。さらに、新十億ドル産業ということで、あらゆる雑誌新聞で喧伝されることで大麻が表面に出てきました。

しかし、そのとたんにマリファナ課税法が制定され、アメリカの四十八州のうち四十六州で採択されました。事実上、この時点から大麻栽培は消滅していったのです。

この裏には、石油資源を中心に経済を発展させていこうとする資本家の考え方があって、大麻などの循環資源に変えて、石油化学製品を軌道にのせるための経済的かつ政治的配慮がはたらいたとみることができます。

他の産業に関しても同様で、石油産業、木材産業、化学繊維産業、農薬化学工業、医薬品メーカーなどに関連した大資本家が、石油中心に産業革命を推進し経済を発展させるには大麻が競合するとわかり、大麻は麻薬で恐ろしいものだとする風潮が生まれました。

日本でも戦後、ＧＨＱの占領下において、一九四八年に大麻取締法が制定され、大麻の花と葉及び栽培が規制の対象となり、一九五一年には、それまで喘息の薬として薬局方で販売されていたものが日本薬局方からもはずされ、処方薬として利用することも禁止されました。

ただ、日本の伝統文化において、太古から継承されている皇室祭祀や伝統行事、神事、神社などに大麻の繊維が使われるため、日本の国庫に属する作物として、全面禁止はまぬがれています。

日本では現在、大麻取締法のもと栽培がきびしく規制されていますが、伝統用、産業用などに限って、都道府県知事の許可のもと免許制として栽培が可能です。

医療大麻の可能性

毎年多くの生物種が絶滅し、病気が蔓延して、人類はいままで経験したことのないほど多くの難病に直面しています。

このような状況において、アメリカが中心になり、以前から医療研究目的で、大麻を処方して、ガン、エイズ、白内障、緑内障、アルツハイマー、リュウマチ、アトピー、多発性硬化症のような難病に劇的な効果をあげています。

大麻の花と葉に含まれるＴＨＣ（テトラ・ヒドラ・カンナビノール）という薬理成分が病気の治癒に関係しています。大麻そのものには病気を治す力はないと思いますが、人体には大麻の薬理成分を受容するレセプターが存在しており、大麻の成分が体内に入るとメラトニンという人間の体内生体時計と関係する非常に健康的なホルモンが分泌され、結果的に自然治癒力に働きかけるメカニズムになっているようです。

メラトニンというホルモンは、人間の脳梁の後方下部（第三の眼の位置）にあるトウモロコシの粒ほどの大きさの松果体という脳の根源的な器官から分泌され、血液中の活性酸素のバランスをとってくれます。活性酸素は病気の根本的な原因のひとつなので、メラトニンの分泌により、自然に病気を癒していく効果が生まれます。

メラトニンは夜多く分泌され、昼はほとんど分泌されません。これは、目覚めと睡眠のリズムとも関係していて、昼間太陽の光をたっぷり浴びて、夜はなるべく暗いほうがメラトニンの分泌を促します。つまり、自然のリズムに沿った昔ながらのライフスタイルが、ホルモンバランスからみえる健康的な生き方のリズムだといえるのです。

メラトニンを分泌しているときの脳波は、アルファー波やシータ波になっていて、深い瞑想状態と同じ状態で、非常にリラックスした効果が生まれます。

メラトニンの分泌は年とともに減少していきます。このメラトニンホルモンのバランスをとり、分泌量が安定すれば老化しにくい、つまり、いつまでも若々しくいられる健康な体を維持できる可能性があるのです。

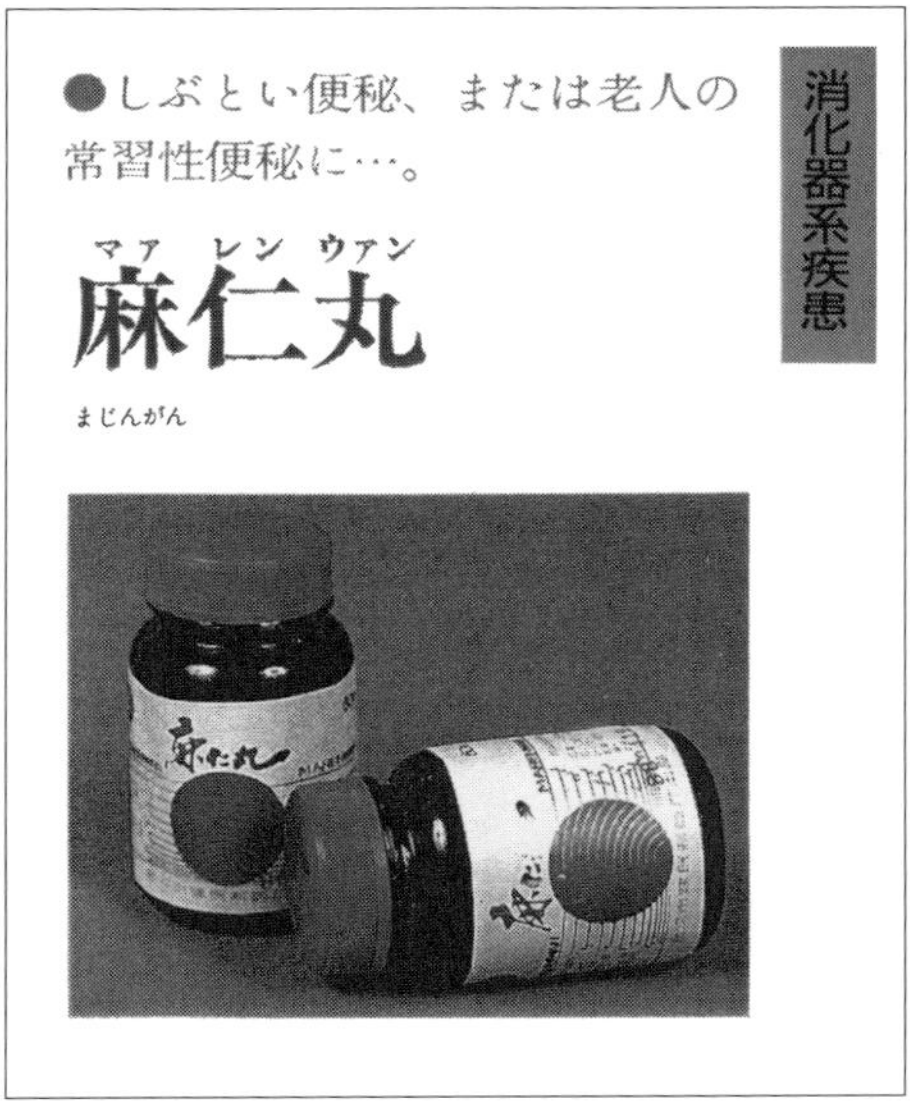

漢方薬として使われている「麻子仁丸」

現在の日本の法律では、大麻の茎と種子は規制の対象外であり、伝統及び産業用の目的で利用することはできますが、花と葉は、産業目的であっても医療目的であっても使用することはできません。したがって、今後、アメリカのように医療目的で活用していくならば、法改正が必要になってきます。

日本でも戦前は、「印度大麻エキス」や「印度大麻煙草」という医薬品名で、喘息の特効薬として、日本薬局方で販売していました。また、「麻子仁丸」という緩下剤の主役も大麻の種子でした。

世界的にも治療薬としての歴史は古く、古代アラビア医学、古代ギリシャ医学、古代インド医学、古代中国医学などでも五千年以上前より、不老長寿に関係する薬用植物として、利用されてきました。

また、宗教的にも世界中のあらゆる宗教や伝統儀式の中でも使用されてきました。

このように、文化的にも非常に価値があり、薬草としても永い歴史を有する大麻の医学的な可能性は、今後も注目されていくでしょう。

大麻に秘められた真実を思い出すとき

大麻は、日本を含めて多くの国々で栽培が制約されています。「神との対話」[(1)]には、大麻に関する神からのメッセージが載っており、その中に、

「人類はどうして大麻をもっと使わないのですか、本来禁止にするべきタバコや石油を解禁して、大麻を禁止するというのは、まったく逆であって、大麻よりタバコのほうが身体に悪いというのに、タバコは禁止されず、大麻は禁止されている、そのパラドックスに人類は気がつくべきです…」

という重要なメッセージがあります。

もうひとつ「プレアデス+夢ひらく鍵」(2)に次のような高次元メッセージが語られています。

「植物のなかには、体内に摂取すると、他の形態をとっている自我や意識につながることのできるものがあります。植物によって意識を変えるという考え方は、いわゆる麻薬との関係で、好ましいこととは考えられてはいません。数多くの神聖な儀式においては、地球の植物の一部が地球をさらに深く理解するために摂取されます。ですから、地球をより詳細に理解する手助けをしてくれるものを、地球は育ててくれているという考えに心を開いてほしいと思います。実際の話、人間であることの目的は、意図と意思と地球の贈り物によって、尊敬をこめた儀式によって、自分の意識を変え、生きるということの素晴らしさを発見することなのです」

と言っています。

古来から日本の各地の畑で見られた麻刈りの風景

（農業絵図文献より）

二十一世紀の黎明期を迎えて、人類は新たなる意識のステージへと転換しつつあることを、様々な現象を通して直感的に多くの人々が気づき始めています。地球は今まさに、飛躍的な進化のプロセスを遂げられるか、あるいは滅亡の方向にいってしまうか、というターニングポイントを迎えているのです。

弘法大師空海や日蓮聖人を筆頭に役小角《えんのおづぬ》行者やその他、歴史上で知られる先人たちのほとんどが、この二十一世紀のタイミングを重要視し、この時期の人類愛にもとづいた意識変革が地球の生成発展と生命進化の流れに役立つことができると予見していました。

大麻の封印によって途切れていた神の糸を、メビウスの輪のように、古代と未来を再び大麻が紡ぎ、循環型の調和文化が訪れようとしています。

古代人の直感的な科学がどのようなものであったのか、なぜ大麻を最重要視していたのか、それらを十分に理解して産業的にも大麻を地球上に復活させることが人類と地球が蘇生するために、もっとも合理的で有効的な方法です。

今、世界中で大麻解禁の方向に動きつつある中で、日本でも戦前まで広く栽培されていた大麻が復活し、産業や生活や思想も含め、真実の地球を思い出していくことが、私たち地球人類に課せられた共通の天命ではないでしょうか。

神社と麻つり

大麻は、古代から産業的にも医療的にも神事的にも植物まるごと活用されてきた伝統栽培植物であり、日本でも「麻」として、親しまれてきた繊維作物であります。日本の地名や人の名前にも麻という字がよく使われています。人の名前に麻の字が使われる意味は、大麻のように真っ直ぐに丈夫に育ち、世の中の役に立ってほしいという思いからで、赤ちゃんには「麻の葉模様」の産着を着せる習慣があります。

大麻製の神社の鈴縄

　昔から「麻に交われば、直くなる」といわれてきた精神的な植物です。

　神社、仏閣でも大麻が重要な役割をはたしています。注連縄《しめなわ》も本殿正面の鈴を吊るしている縄紐も大麻からできています。神社で使われる様々な繊維も大麻が使われているのです。

　このように、神社でも大麻が神々との架け橋になっています。しかし、現在はこれらに変わって、

天照大御神のお神札である「神宮大麻」

ナイロン製の石油化学繊維製品が使われている場合が多いのです。

　伊勢神宮にある皇大神宮（内宮）の祭神としてお祀りしている天照大神の御神体は鏡と大麻です。伊勢神宮及び諸社から授与するお札のことを「神宮大麻《じんぐうたいま》」といいます。また毎年、伊勢神宮から頒布する暦は「大麻暦」といい、大麻は幣《ぬさ》（神に供え、また祓いにささげもつもの。みてぐら）の尊敬語でもあります。

　大麻も鏡も太陽神アマテラスの太陽エネルギーを具現化したものですが、鏡は人の外面を映し出し、大麻は人の内面を映しだすという二元性を担っています。人々が祭りを通して神々と一体となる場として存在する神社では、祭りは大切な儀式ですが、伊勢神宮もまた祭りが非常に多いのです。

　高倉山の豊受大神宮（外宮）と内宮の両正宮と他に十四の別宮と百十六の末社があり、ここの神域で一年三百六十五日、祭りのない日はなく、すべて合わせると千数百にも及ぶといいます。日の元である日本人は祭りというと血が騒ぎます。火山のエネルギーも祭りと関係してい

伝統行事である「茅の輪くぐり」

て、その昔、火山体系の祭りがあり、火山を御神体として、その周りに集い、山の祭りは噴火をイメージしたものでした。

群馬県吾妻町にある鳥頭《とっとう》神社のお祭りのひとつに「茅の輪《ちわ》くぐり」という伝統行事があります。竹製の二メートルほどの輪に茅《ちがや》を巻きつけ、上部には根から抜いた二本の大麻の生木が横にして供えられ、さらに、その輪が参道の鳥居に取りつけられます。

参拝者は、この茅の輪をくぐって心身を祓い浄めるのです。二本というのは、日本のことで、「日本が、和（倭）を以って貴し」という意味がこ

「一万度大麻」と書かれてある鬼無里村のお神輿

められているのです。

大麻は神社、仏閣のお鈴さんに使われたり、注連縄に使われたりして、神事的に何かを結びつけるには、必ず大麻の繊維が使われていました。神社本殿のお鈴さんを振ることで、神様のお使いである鳥に合図を送り、そして、天に合図を送るのです。

鈴を吊るすのに大麻繊維を使うのは、麻《ま》が吊られているマツリの状態の意味をもちます。子供の頃、地元でお祭りがあると神社に御幣《ごへい》をもらいにいきました。御幣とは先端に大麻繊維がついている榊で、それを持って、山車のところへ走って行き、山車の御神木に縛りつけて麻を吊り、祭りの安泰を約束したものです。

長野県鬼無里《きなさ》村は、昔は大麻の繊維の生産地でした。鬼の無い里と書くこの村では、良質の大麻繊維がとれ、村は非常に豊かなくらしをしていました。現在、村の民族資料館には、古来からの大麻産業の歴史が紹介されています。加えて、昔、この村の収穫祭に活躍した四台のすばらしい山車と二基のお神輿が展示してあります。ひとつのお神輿の屋根の上には、「一万度大麻」と書かれたお札が掲げてあるのです。

麻吊りには、魔がつられて無くなるという意味もあります。罪穢れを祓う大麻を要所要所に吊ることで、麻吊りが祭りとなり、心から祀られた状態になってきます。「麻」と「魔」の違いからもわかるように、「マ」というものは、一歩でも間違うと大変ですが、間をとることで安定し、一体になります。そして、人間から間を吊ると人《ひと》となり、マコトの人とは日を統合した存在を表しているのです。

麻とは「和のこころ」とみつけたり

鳥頭神社では、古代から伝統的に大麻を栽培して、神社境内で神具用の繊維の生産加工をしていますが、その工程の中で大麻の繊維を束ねたものを順次ならべて吊るします。そのときの黄金色の繊維の光沢はすばらしく、あたかも光を束ねたかのように神々しく、その周囲一帯も光って見えます。このような大麻繊維を「精麻《せいま》」といいます。これが、黄金の国ジパングの意味ではなかったのでしょうか。

昔は、日本中で大麻が栽培されていました。大麻の繊維は、いたるところで見られ、全体が

光の繊維といえる「精麻」の束

まるで、エンゼルヘアーがたなびいているかのように光り輝き、黄金の国という豊かさをイメージできたのではないかと思います。

昔の日本人がもっていた心は大和の心でした。戦後、占領軍が日本に駐留した際に、一番恐れて封印したかったものは、ヤマトの精神をもつ日本人の神秘的なアイデンティティーであったのかもしれません。

ラフカディオハーンも

「これほど知性や情操を含め、民度の高い国は世界中で見たことがない。子供たちの目は本当に生き生きとしている」

と書き残しています。

フランシスコザビエルも

「日本人ほど善良なる性質を有する人種は、この世界に極めて稀である」

と同じことを言っています。

かのアインシュタインも、世界の未来に対して、

「世界の未来は進むだけ進み、その間、いく度か戦いは繰り返されて、最後の戦いに疲れる時がくる。その時、人類はまことの平和を求めて、世界の盟主をあげねばならない。この世界の盟主となるものは、武力や金力ではなく、あらゆる国の歴史を抜き越えた、もっとも古く、また、尊い家柄でなくてはならぬ。世界の文化は、アジアに始まって、アジアに帰る。そして、アジアの高峯、日本に立ち戻らねばならない。我々は神に感謝する。我々に日本という尊い国を造っておいてくれたことを」

と後世に貴重なメッセージを残しています。

このような、大和の心を次第に忘れていったことが、神代文化から続いていた和の精神の衰退や大麻の封印と関連しているのではないでしょうか。

産業的な大麻の有効利用は、現代社会でも認知されてきています。大麻が環境にやさしいということは、今の社会でも一般的になりつつあります。

大麻のもつ様々な特性があらゆる産業的かつ環境的に役立つ可能性も含め、すべては、その大麻を使う人の心のあり方と人類の生き方にあると思います。

先祖をたどれば、今の日本人は、すべてといっていいほど大麻と関係した民族です。

そして、次章からもみていくように、この神聖さをもつ循環植物資源である大麻を理解していくうちに、太古の昔から日本人が精神文化の中で愛してやまなかった大麻の本質的な意味とは「和のこころ」であると理解します。

天照らされて　あすわの光
和のこころなくして　麻開かず

(1)　神との対話　ニール・ドナルド・ウォルシュ　サンマーク出版
(2)　プレアデス+夢ひらく鍵　バーバラ・マーシアニック　㈱コスモ・テン

二の章　古代文化と大麻のはなし

大嘗祭での大麻の意味

天皇が即位後、初めて行う新嘗祭《にいなめさい》が大嘗祭《だいじょうさい》であり、ここでは大麻と絹が重要な役割を担っています。

大嘗祭は、宇宙万象の法則である二元性の統合を「アラタエ・大麻」と「ニギタエ・絹」で表し、スメラミコトを通して、太陽神アマテラスオホミカミと三位一体となる天皇自らが執り行う一世一代の御神事であり、国家の安泰を祈願します。

端的にいえば、地球の呼吸を体現し、宇宙のバランスをとる霊的行事です。

皇太子のことを日嗣皇子（ヒツギノミコ）といい、皇位のことを天津日嗣（アマツヒツギ）といいますが、日を嗣《つ》ぐとは、「太陽神・天照大御神」の系統を受けつぐという意味で、太古から連綿と受けつがれてきた天皇の霊《ひ》を次の天皇に受けつぐという御魂移しの儀式でもあります。

そのときに、スメラミコトである天皇が着用する神事用の衣服が大麻から作られた「麁服《あらたえ》」といわれる皇祖神の神衣で、代々阿波で忌部氏が大麻を栽培し、麁服《あらたえ》に加工して朝廷に献上しています。

大麻は古代から、日本の古神道文化において、「依《よ》り代《しろ》」といわれ、神々が寄ってくるとこ

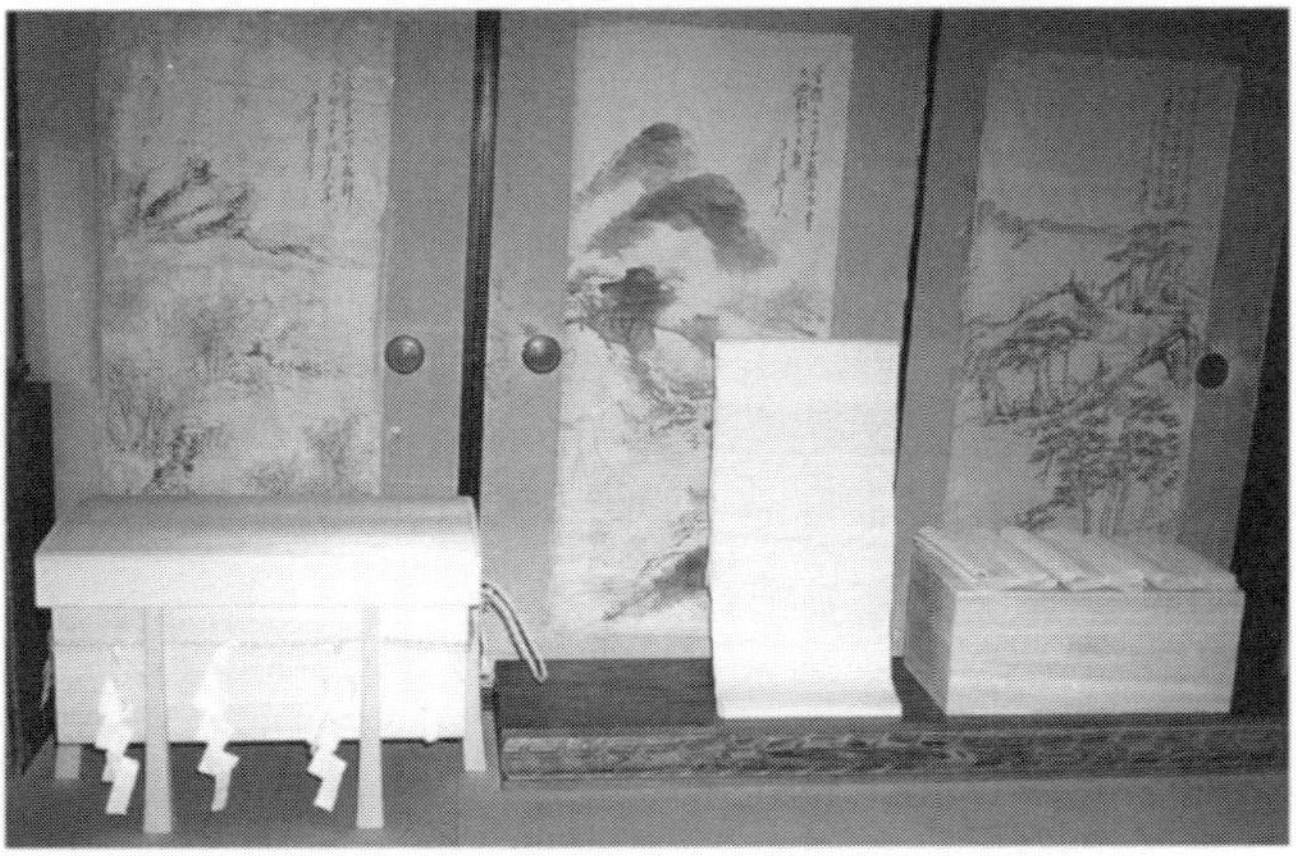

天皇に献上する皇祖神の神衣「麁服」（写真：京屋社会福祉事業団）

麁服《あらたえ》(入目籠《いりめかご》)

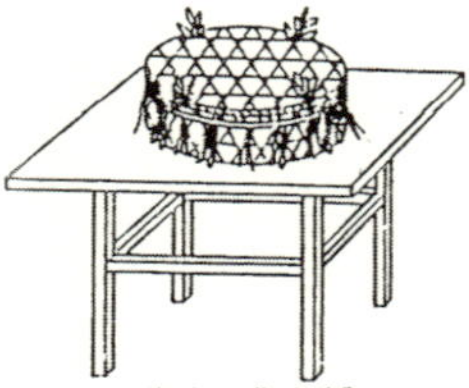

繪服《にぎたえ》(入目籠《いりめかご》)

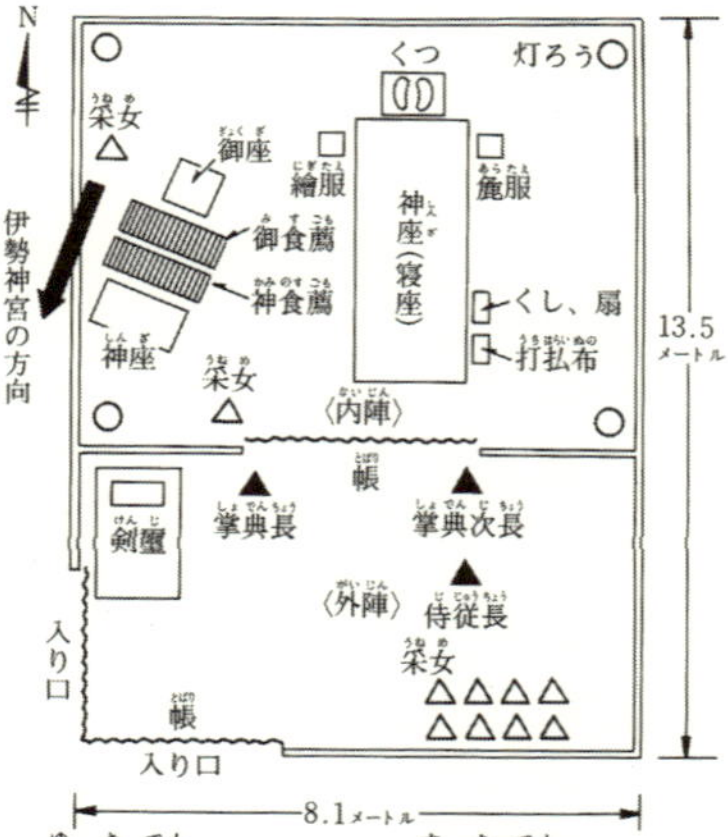

悠紀殿《ゆきでん》の内部・主基殿《すきでん》も同じ

ユキ·スキの二元性を象徴した大嘗宮と麁服を入れる入目籠

（写真：京屋社会福祉事業団）

「忌部・三木家」の神事用の大麻畑（写真：京屋社会福祉事業団）

ろとしての波動調整や空間調整の意味をもちます。つまり、大嘗祭のときに大麻の衣を着用するのもアマテラスオホミカミが降臨して神と一体になる御神事の際に目印や合図の作用をもち、大嘗祭を成功させるためには、なくてはならない重要なものなのです。

大嘗祭は皇居内の大嘗宮に設けられた「悠紀殿《ゆきでん》」と「主紀殿《すきでん》」の二箇所で行うことで、この世界に付帯している二極性を象徴しています。

大嘗祭は夕方から翌朝未明にかけて行われますが、初めに天皇は大麻からこしらえた麁服《あらたえ》を着て悠紀殿《ゆきでん》に入られます。悠紀殿《ゆきでん》は天と東の光を司《つかさど》ります。次に絹でこしらえた繒服《にぎたえ》にお召しかえされて主紀殿《すきでん》に入

忌部氏が栽培した神事用の大麻の収穫（写真：京屋社会福祉事業団）

られます。主紀殿《すきでん》は地と西の光を司《つかさど》ります。

天皇は、悠紀殿と主紀殿にそれぞれ数時間ほどお籠《こも》りになりますが、それぞれの御宮には、八重畳と敷布団と掛け布団、枕、入目籠《いりめかご》などが用意されています。

入目籠とは、竹をカゴメに編んだ丸い籠で、その籠に天皇は麁服や繪服の服を入れて、寝座でお休みになられ、アマテラスと一体となって、国家の安泰、五穀豊穣、天地のバランスを祈願する御神事を執り行うのです。

麁服《あらたえ》に使用される大麻は、阿波の木屋平《こやだいら》で栽培されたものが使われています。

古来から阿波で大麻を栽培し、繊維に加工して朝廷に献上してきたのが忌部《いんべ》氏の末裔にあたる三木家で、三木家は三つ木《みき》、つまり貢ぎのことで、平成の大嘗祭のときも三木家の大麻が使用されました。しかし、現在の三木家は、先祖からその精神は完全に受けつがれているものの麁服に加工するまでの労力をもち合わせていないので、宮内庁の許可を得て、日本一の大麻の繊維加工技術をもち、毎年、群馬県吾妻町の鳥頭神社境内で繊維加工作業を行う岩島大麻保存会の協力を得て仕上げることができました。

この鳥頭神社は忌部族と関係が深いことから、古来より、この地域も忌部族ゆかりの地であると思われます。

地球の呼吸と二元性の統合

大嘗祭の極意は、膨張と収縮、地球の吐く息と吸う息のバランス調整にあるようです。

地球をひとつの有機生命体としてみれば、地球も呼吸をしていると考えられ、悠紀殿《ゆきでん》と主紀殿《すきでん》で吐く息と吸う息を象徴しています。

地球の呼吸は、動物が酸素を吸って二酸化炭素を吐き、植物がその二酸化炭素を吸って酸素を吐くことで循環しています。このことを植物性の大麻と動物性の絹で表しています。

植物と動物が同時に存在している理由《わけ》は、片方では生存できないからで、花は昆虫が花粉を運ぶことで実を結び、昆虫は花の蜜を吸うことで生育します。

動物植物の共存は、あらゆる二極性の意義を知るヒントとなり、地球は、そのあらゆる二元性を統合していくことを学ぶ場として存在しています。吸う息と吐く息を一切の膨張性と収縮性と捉えて、超古代に日本に存在し、天然の循環科学をもっていたカタカムナ文化では、それを「アメノソコタチ」と「アメノソギタチ」という言葉で表しました。

ソコタチは、ソトにコロんでいく膨張の性質《たち》、ソギタチは、削ぐという意味から収縮して小さくなる性質《たち》を表しています。

これは、光の波動性（アワ）と粒子性（サヌキ）とも対応しています。アメノソコタチ、アメノソギタチは後に神名として使われていますが、古事記に出てくる神名もカタカムナ文化ではひとつひとつが意味のある科学用語でした。

たとえば、「アメノヒトツネ」、「アメノウズメ」、「アメノヒトツカタ」と、三名の神様で「宇宙の一切は、無限量のアメ（わかりやすくいえばクオーク）を同根《ひとつね》として発現しているもので、渦巻《うずめ》運動を続けていますが、これがすべてのものに備わっている相似象《ひとつかた》です」という意味になります。

地球は二元性のバランスをとることで安定しますが、そのバランスは霊的な代表者として、太古から延々と一切を受けついできた天皇スメラミコトが大嘗祭などで調整することで保たれてきたのです。

天の岩戸開きの神話

大嘗祭は、古来から忌部氏は榊《さかき》を中臣氏《なかとみ》は祝詞《のりと》を奉《たてまつ》るという役割を両家が担っていて、このルーツは、天の岩戸開きの神話にさかのぼります。

アマテラスの弟スサノオノミコトが狼藉をはたらいたことを悲しみ、太陽神アマテラスは岩屋に籠ってしまわれたので高天原《たかまのはら》が真っ暗闇になりました。これに困った八百万《やおよろず》の神々は、天の安の河原に集まり、知恵者であるオモイカネノミコトの提案で、まず天の岩戸の前に、たくさんの長鳴き鳥を集めて鳴かせました。それから、八百万《やおよろず》の神々が歌舞音曲を協奏してお祭りが始まりました。

そうしたなかで、アメノフトダマノミコトは、八尺《やあた》の鏡《かがみ》と八尺《やさか》の勾玉《まがたま》と大麻を取り付けた榊《さかき》を手に取りもって太幣帛《ふとみてぐら》を奉《たてまつ》りますと、これに合わせてアメノコヤネノミコトは祝詞《のりと》を高らかに奏上して幣帛《みてぐら》を奉りました。

アメノウズメノミコトも胸乳をあらわにして神がかりの踊りを大乱舞。

これを見て、八百万の神々は、やんややんやと囃子たてて笑いました。

アマテラスは、岩戸を細めに開いて、「皆が大笑いしているけれど、何が起きたのですか」と問われたので、アメノウズメノミコトは、「あなた様よりも貴い神様が現われたので、喜び

天の岩戸開き（提供：シリウス宇宙情報センター）

騒いでいるのです」と答えました。

すかさず、アメノフトダマノミコトが前に出て、榊に架けてあった鏡をさし出したので、アマテラスは、そこに映った、その「貴い神様」を見て驚いてしまいました。

機を見て潜んでいたタジカラオノミコトが、アマテラスの御手を取って、外へ引き出したので、再び世界には光明が戻ったという話でした。

それが、現象界に相似象として現われていて、今までアマテラスが岩戸に籠って閉ざされていた暗闇の文化であったのが、二十一世紀の朝（麻）開きとともに、岩戸が細めに開いて一筋の光明が射しこんで来たのです。

天孫降臨の神話

その後の天孫降臨について、古事記では、このように描かれています。

天津神であるタケミカヅチノカミの働きで、国津神であるオオクニヌシノミコトとの和睦も成立して葦原の中つ国のざわめきが、ようやく鎮静化しましたので、アマテラスは、御子のアメノオシホミミノミコトを天下《あまくだ》りさせる手筈を整えました。

ところが、アメノオシホミミノミコトに、ニニギノミコトが誕生したので、父に代わって、ニニギノミコトが天下りすることになりました。

アマテラスと高木の神は、ニニギノミコトの従者として任命した、アメノフトダマノミコトとアメノコヤネノミコトを呼んで、「吾孫（天孫）のために、天上の高天原《たかまのはら》で、天の神籬（ヒモロギ）、天の磐境《いわさか》（イヤサカ）を立てたと同じようにして、葦原中つ国に降臨した後も祭祀を執り行うように」と命じられました。

神籬とは、神々を招き寄せる神事の奥義のひとつであり、依り代として大麻を使います。

磐境とは、神々を招き寄せる神域のことで、神籬を磐境などで執り行う祭祀は、神社のように常設したものではなく、磐境神殿や環状列石（ストーンサークル）という形の御社《やしろ》として、神籬を使って、神様を降臨させる古代のお祀りの方法でした。

国生みの神話

古事記では、左右両側から天の御柱を廻って両名が出会ったあと、イザナギノミコトが、「なんとかわいい乙女だろう」と言いますと、イザナミノミコトが、「なんとまあ、いとしいお方ですこと」と言って結婚し、国々をお生みになりました。

最初の子は、淡路之穂之狭別《あわじのほのさわけ》の嶋、つまり、淡路島でした。次が伊予之二名《いよのふたな》の嶋でした。

古代に四国は、東半分をイの国、西半分をヨの国といったことから二名の嶋といいました。

この嶋は、身が一つで、面《おも》が四つあり、面ごとに名がありました。すなわち、予の国が愛比売《えひめ》、讃岐の国が飯依比古《いいよりひこ》、阿波の国が大宜都比女《おおげつひめ》、土佐の国が建依別《たけよりわけ》です。

イザナギ·イザナミの国づくり

次に隠岐の嶋を生み、そして筑紫の嶋（九州）を生みました。この嶋も身一つで面《おも》が四つありました。筑紫の国、豊国、肥の国、熊曾の国です。

このように、古事記では、始めに四国を生んで、次に九州を生んでいます。

四国にも九州にも四つの面《おも》がありますが、大倭豊秋津嶋《おおやまととよあきつしま》（本州）には面はありません。古代倭《やまと》の歴史で、阿波や朝鮮に近い筑紫は重要な面でしたが、本州は、まだ統一されていない時代でしたので、面、すなわち国もまだ定まっていませんでした。

これらの記述からも四国が最も古い歴史を有していると理解することができます。

忌部氏の朝廷祭祀

神武天皇（カムヤマトイワレヒコノミコト）が葦原中つ国に降臨したのは、西暦でいうと紀元前六六〇年とされています。

アメノコヤネノミコトは中臣《なかとみ》氏の、アメノフトダマノミコトは忌部《いんべ》氏の祖先の神にあたります。中臣氏が絹のようにしなやかな祝詞をあげ、忌部氏が先端に大麻がついた榊を振ることで陰陽二柱の祭主という二極性の協調によって、天皇（スメラミコト）をアマテラスと一体化させる波動調整役を担ってきました。

しかしながら、中臣氏と忌部氏の協調関係は次第に崩れていきました。

中臣鎌足が大化の改新（六四五年）の功によって、藤原の姓を賜って、藤原鎌足となったあと、藤原氏は着実に政治の中心に食い込んでいき、それまで同格であった忌部氏を抑えて神祇《じんぎ》伯《はく》（長官）として、神事を掌握するようになりました。それにともなって、忌部氏は中臣氏の随行員あるいは祭祀事務係りのような立場に追いやられてしまったのです。

中臣鎌足が藤原姓になったのち、神事を司る意味麿《おみまろ》のときに、藤原不比等の系列以外は、中臣の旧姓に戻すよう六九八年に詔《みことのり》がありました。それ以後は、神事を司るのは中臣氏、政治を司るのは藤原氏という図式ができあがっていったのです。

ニニギノミコトが天下りした際に、アマテラスと高木の神が、「吾孫のために、協力して斎《いつき》まつれ」との詔《みことのり》を両ミコトに下したことを中臣氏が忘れて忌部氏を排除したために、中臣氏が祝詞でアマテラスを降ろしてくる儀式もあまり成功しなくなってくるのです。

こうした状況の中で、一族の長老忌部広成は、神事に携わることの正当性を主張して、忌部氏の伝承をまとめた「古語拾遺《こごしゅうい》」を八〇七年に朝廷に奏上したのですが、それもあまり効果があがらず、奇しくも中臣家の権力は増大していったので忌部族は都で祭祀をとることを断念し、四国に戻っていったのです。

忌部族は、阿波（古代倭）から発祥し、大和に移り、また阿波に戻りましたが、その後、忌部族の本拠地である阿波の国の山中に存在する磐境などの霊的場所や太古に栄えていた忌部大神宮において、代々、大嘗祭の前日にあわせて、アマテラスが降臨して天皇が一体となられるために、大麻を依り代として使い、陰から祭祀をサポートすることで、代々受けつがれていったのです。

阿波伝承の秘密

忌部氏の故郷である阿波の伝承について、長老たちにお話をお聞きしたところ「昔から伝承されてきたことは、周りに言ってはならん」と言われ伝えられてきたそうです。「しかし、それらの伝承は明確に伝えられてきたけれど、今は途絶えようとしているので、封印を解く役割で真剣に調査している人に、橋渡ししていいのではないかと思っているのです」ということで旧家の古老、坂東さんは話してくれました。

その骨子は、やはり、「阿波は古代皇室とも所縁があり、京都奈良で栄えた大和の原型になっていて、太古に人類が発祥した地である」ということでした。

それらを総合的に捉えると、非常に信憑性のあることは確かで、やはり、四国阿波を中心に、有史以前には世界をひとつに結ぶ文化が存在していたと理解できるのです。阿波の文化の発祥について、地元の人も「太古に存在したムー文明との関係は無視できないであろう」と言っています。

沖縄県与那国島沖海底で発見された一万年以前と見られる海底神殿は、ムー大陸の遺産と見られています。この海底神殿と四国の山の中に自然と同化している磐座遺跡とは共通したものですが、現代文明と重なっていたり、自然にとけ込んでわかりにくくなっている陸地の遺跡より、海に沈んだ遺跡のほうが、ある意味では精妙な形で残されているといえます。

ふたつの立岩神社

中津峰山麓にある徳島市多家良町立岩という地に、式内社[1]山方比古《やまがたひこ》神社があります。近くに八多という地名も存在することからも、ここが八尺《やあた》の鏡の発祥地であると地元ではいわれています。

山方比古神社は、金山比古を祭神としているため通常は金山神社と呼ばれています。金山比古は、鍛冶職の天津麻羅族とともに八尺《やあた》の鏡を製作しました。

天津麻羅族は、シュメール系海洋民として渡来した忌部族に属する鍛冶職人で、神具などの製作を担当していました。

八尺の鏡は、山方比古神社近くの八多山の地名から名づけられたものです。八多山のえぐられた部分は、古代のたたら（産鉄）跡といわれています。

忌部の祖神アメノフトダマノミコトが、天の岩戸の前でもっていた鏡は、この八尺の鏡のことです。

鍛冶職の天津麻羅族は、三種の神器のひとつ天叢雲剣《あめのむらくものつるぎ》もこしらえました。

八尺《やさか》の勾玉が、どこで造られたかということは、はっきりとしていないのですが、山方比古神社近くの渋野町では、大量の勾玉が出土していることから、勾玉も造られていたのではない

シュメールの痕跡といわれるアマツマラ石

かと思います。

山方比古神社の裏手には、「天津摩羅《あまつまら》」と称する高さ七メートルの男根岩が祀られていて、男根の象徴らしく横には二つの玉石もつけられており、このアマツマラを立岩神社と呼んでいます。

そこから十三キロメートル離れた徳島県名西《みょうざい》郡神山町にある元山の山頂にも立岩神社があって、その御神体として祀られているのは、高さ二十メートルの女陰巨石です。

この両方の立岩神社は、一対になるように真南を向いて置かれており、両者の間に存在するロクロ山の頂には、石積みの祠が存在しています。ロクロ山は、ぐるぐるまわる渦を意味していて、イザナミ（女陰）・イザナギ（男根）が、天の御柱《みはしら》を中心に、ぐるりと回

天の元山の女陰巨石

って国生みをした神話が、この地とつながりがあることを物語っています。

阿波風土記逸文には、立岩神社の御神体である天の元山が砕け、奈良に飛んだ破片が天の香具山になったという面白い伝承があります。

「空より降り下りたる山の大きなるは、阿波の国に降り下りたるを天の元山という。その山くだけて　大和国に降りつきたるを　天の香具山という」

この伝承の文意は、奈良は阿波がルーツであったということです。

阿波には、中国と交易できるほどの勢力をもった、海洋民（阿曇《あずみ》族）を従えた古代倭《やまと》の中心拠点があり、本土を治めるために、大和（奈良）に根拠地を置いていました。倭の阿曇族と出雲族は、今でいう流通、情報を担当し、秦《はた》族は技術を、物部族や忌部族は神事や祭祀を担当していました。

もともとがムー文明で活躍したムー族の超技術者集団「イムベ」に起源をもつ渡来系の同族であり、忌部氏は、その直系にあたります。太古の昔から日本に存在していたサンカ、クマソ、アイヌなどの山岳系先住民族もムー文明が起源の同族であり、非常に高度な縄文文化を築いていたのです。

男根岩と女陰巨石の両方の立岩神社の御神体は、真南を向いていますが、自分達が海洋系シュメールの天津麻羅族であったことの証として、海の方角を向いているのでしょう。

シュメールから海を渡ってきた船には、水夫（シュメール語でカンナ）、鍛冶職（同カヌチ）、武人、陰陽師、呪師、木工師、大麻を栽培する人など、あらゆる職業の人たちがいて、技術者集団として現在の四国に上陸しました。

メンヒル（石柱）とドルメン（机石）

徳島県名西郡神山町にある上一ノ宮大粟神社は、阿波国の神である大宜都比女《おおげつひめ》を祀っています。神社の鳥居入り口の端に、高さ一・五メートルほどのメンヒルが置かれていて、メンヒルの表面には、シュメール語で太陽神を示す「ラー」と蛇神・大地の守護神「ジャスラ」のペト

太陽神「ラー」のペトログラフが彫られた
メンヒル（右）と鳥居型のドルメン（左）

ログラフ（岩刻文字）が彫られています。

メンヒルとは、メンが「石」でヒルが「長い」という意味をもちます。

メンヒルは、ケルト系文化のものとされ、西ヨーロッパを中心に北米やオーストラリア、日本など世界中に分布しており、英語では、ファリックストーンといい、日本ではマラ（麻羅）石とか男根石と呼ばれています。

ドルメンも西ヨーロッパに多く見られ、そのルーツは先史巨石時代以前にさかのぼります。ドルが「机」でメンが「石」という意味であり、阿波ではお祭りの際に、神社の御神体を乗せる聖なる台である「お旅石」とも共通性をもち、徳島市国府町を中心に、その上板には盃状穴が彫られたドルメンと同型状のお旅石が数多く見つかっています。

メンヒルとドルメンの関係性は、男性性と女性性

ドルメン型の「お旅石」に彫られた盃状穴（右）と
ハワイ島のワイコロア溶岩原に彫られた盃状穴群（左）の共通性

を意味しており、超古代から祭祀に使われていました。

メンヒルにはペトログラフが刻まれ、ドルメンには盃状穴が彫られているという、対応関係からも、メンヒルが発信でドルメンが受信の役割をしていると思われます。

盃状穴《はいじょうけつ》と星座のつながり

徳島県美馬郡穴吹町伊西にある高台には、八畳岩と呼ばれる八×九メートル高さ三メートルの巨石があって、その岩の上面には、オリオン星座とほとんど同じ配置に盃状穴が彫られています。盃状穴とは、文字のとおり盃《さかずき》状の穴が岩に彫られいて、ペトログラフと共通するものです。

盃状穴が星座状に彫られていることと、古代は太陽信仰に代表されるように、天体の運行が重要だということから、盃状穴は天体祭祀やマジナイに使われていたものと考えられていて、星を頼りにしていた古代海洋民族の痕跡として、世界中で見つかっているものです。特に、ハワイ諸島やポリネシアなどに数多く見られるもので、日本各地でも阿波をはじめ大量の盃状穴が見つかっています。

また、盃状穴に麻の実などの植物の実を入れて自然に発酵させ、お酒をつくり、大地に捧げたのが御神酒《おみき》の始まりではないかと思います。

盃状穴は、ドルメン状のものに多く見られるもので、メンヒルには、ほとんど見られることはありません。ドルメンのテーブル石として使われていたものが後世になって、立石状の板碑として再利用されたもので、盃状穴が見られるものは数多くあります。

盃状穴の配列は、他にも北斗七星やスバル座などと対応しているものもあり、星のめぐりを参考にしていた文化の証といえます。

磐座《いわくら》遺跡

四国では、山の中腹や高所に無数の人工池や集落が見られます。昔は、身分の高い人ほど山の高所に住んでいて、低所に住む人たちは、高所のことを昔から「ソラ」と呼んでいました。そのソラにある、巨石造りの遺跡が存在する一帯のことを磐座といいます。

磐座は、巨石が配置された一帯をいい、そこには、磐境などが存在し、神々が降臨する座とされていました。四国には、磐座が無数に存在していて、特に讃岐・阿波一体に磐座巨石文化は広がっています。

天の岩戸神話の舞台となった阿波の天の岩戸。
太陽神「ラー」（左下）と神「ド」（右下）のペトログラフも見つかっている。

たとえば、徳島県美馬郡一宇村にある天岩戸神社から少し登った所にある磐座は、神楽岩と呼ばれる四角い平面の巨石があり、その少し下にはペトログラフ岩があって、大きさ三十センチ深さ七センチに刻まれたシュメール古拙文字、「△」ドの神と太陽神「○」ラーが彫られています。

この辺りには、アマテラスが岩戸隠れされた岩窟や高天原と称するところもあります。天の岩戸は、高千穂をはじめ日本各地にその存在が確認されていますが、天の岩戸神話の伝承を裏づける意味で、阿波の天の岩戸が発祥であると考えられます。そして、天の岩戸は、磐座遺跡の代表的な例といえます。

磐境《いわさか》神殿

磐座の中で祭祀を執り行うときの具体的なポイントが磐境で、石を積んで囲った中を精妙でクリアーな場にするものです。

徳島県美馬郡穴吹町の磐境神明神社には、「五社三門《ごしゃさんもん》」といわれる石積神殿があります。これは、ハワイ島にあるヘイアウ神殿や山口県豊北郡角島の石積神殿と同様のもので磐境の代表的な例です。これらは、アッカド人に滅ぼされたシュメールの民が、海洋に逃れて各地の海洋ルートに残した神殿といわれています。

「五社三門」と呼ばれる石積神殿

四国には、他にもたくさんの磐境や石積神殿が残っており、古代の天体祭祀文化の痕跡をうかがわせています。

磐境の中で、祭祀を執るときの方法のひとつとして、祭壇石に彫られた盃状穴に大麻の種や薬草などを入れ、マジナイ用の棒を使ってすりつぶしながら神々や星にささげ、天地一体となって五穀豊穣、弥栄《いやさか》を祈願し、村や国を安泰にする祭祀が執り行われていました。

こうした磐座や磐境は、ピラミッドである神奈備山の祭祀場であり、天体祭祀文化を形成する意味でも重要なポイントでした。

古代の天体観測センター

奈良の大神《おおみわ》神社は、城上《しきのかみ》郡の三十五座の神社の筆頭にかかげられています。

三十八社（ミワヤマ）といわれるマチュピチュに酷似したシェルター型天体観測石積神殿

大神神社には、本殿がなく、神奈備山の代名詞である三輪山を御神体としており、山中には祭祀が行われた磐座があります。この三輪山の原型は、実は、徳島市郊外にある中津峰のことだと阿波ではいわれています。

中津峰の山頂には、シェルター型の石積み神殿があり、三十八社（ミワヤマ）と呼ばれています。

古事記によれば、タマヨリヒメが依った麻糸に委せて尋ね行くと、山の神社に留まり、そのとき麻糸が三輪残ったことで、ミワ山といったとあり、太古から三十八社を三八《みわ》（三和）と呼ぶその中津峰の伝承を奈良県の三輪山に転写したものです。

三十八社の石積囲いは、外側の入り口から見れば、インカのマチュピチュの遺跡と酷似しており、石段付きの石門は、正確に東側に向き、そして、南側の入り口は磐境神明神社の五社三門とも類似しています。中津峰山頂の石積神殿は、天体観測場のように造られていて、近くには星の岩屋といわれるところもあり、この辺一帯は天体祭祀のセンターになっていたようです。

香川県小豆島にも、星が城という地にドーム型の天体観測の石積建造物があり、比較的新しく造られた感じですが、これはプレインカ遺跡と酷似しています。このドームの西側には、ハワイのヘイアウ神殿同様の石積神殿遺跡があります。

プレインカ遺跡と酷似する
星が城のドーム型天体観測石積遺跡

徳島県海部郡由岐町の明神山山頂にある峰神社の周囲にある石積神殿形式は、スコットランドのスカラブラエ島にもその例があり、またハワイ島ブラコハラやブウホナウの石積神殿も同様の形式です。この石積神殿は、シュメール系海洋民族によって築かれたもので、この神殿が築かれる以前には、超古代の磐座が置かれていて、神殿は、磐座の上に築かれたため、遺跡が二重以上の構造をしているというのも特徴的です。

このような様々な形態の遺跡は、ほとんどが忌部族と関係する祭祀遺跡であり、半人工的に建設されたピラミッドである神奈備山と連動した暦を知るためのモニュメントでもあって、夏至と冬至、春分と秋分の時間軸の四方向にあわせた工夫が施されています。

三つの大麻山

香川県小豆島池田町には、大麻山《おおあさやま》（四百二十八メートル）がありますが、同じ香川県の象頭山系にも大麻山《おおさやま》（六百十六メートル）と呼ばれる山があり、大麻神社が祭られています。

徳島県鳴門にも大麻山《おおあさやま》（五百三十八メートル）があり、麓には、式内社大麻比古《おおあさひこ》神社が鎮座しています。

この三角形状の三つの大麻山も各々が磐座を有している古代からの神奈備山ピラミッドであり、アワとサヌキで表される二元性の統合を、阿波の大麻山と讃岐の大麻山で表し、そして小豆島の大麻山を含めた、いってみれば、カンナビテトラのトライアングルとして、忌部族の天体祭祀センターを結ぶ古代からの重要な麻文化のネットワークであると考えられます。

麻コトの衣服

天とつながる祭祀を執り行う古代人の衣服は、依り代としての意味もあり、大麻製の衣服を着ていたことが、カタカムナのウタから知ることができます。

カムナガラ　アシアサクキミ　ヤリサラシ
タグリヨリカケ　ナガタラシ
マツロユフミチ　カヤアヤメ
カムナガラ　ヤソスジタラシ　ネリツムギ
チクラオシオキ　ニギナメシ
マツロユフミチ　カヤアヤメ
カムナガラ　ツムギイトスジ　キザミユヒ
アサコユフハリ　カジキウチ
マツロユフミチ　カヤアヤメ

徳島県鳴門の大麻山麓に鎮座する武内社大麻比古神社

これらの句は、次のような意味になります。

「アシのように丈が高く伸びた麻の茎を流水に晒し、繊維を手繰《たぐ》り縒《よ》りして、長く逆さ吊りして乾燥させるのは、植物繊維を処理する理に適った服織法です。

たくさんの麻の繊維をたらしたものを練りながら糸に紡ぎ、その糸に重石をかけておき、そのあと、やわらかくなめすのは、理に適った服織法です。

紡いだ麻糸を段々に編織（キザミユヒ）して、できた布地を細い平板で表面を打つカジキウチをして、織り目の整頓をするのは、植物繊維の理に適った服織法です」

大麻の衣服は、神代のころから罪穢れを祓う波動調整繊維として、神ナガラの道により活用されていたことがうかがえます。

麻ことの祝詞

群馬県の鳥頭神社に伝わる祝詞があります。

「思うこと、皆つきねとて麻の葉を、切りにきりても祓いつるかな」

これは、麻から繊維を取り出すときに、幹から麻の葉を切り落とす作業をしながら祓われていく心を詠ったものでした。祝詞は、神々が降臨する際の合図の作用をもち、目印の意味をもつ依り代と同様、天とつながるための祭祀を助ける古代神官の技法のひとつです。

アメノコヤネノミコトは、岩戸に隠れたアマテラスを岩屋から出すために、祝詞を高らかに奏上しました。そのときの祝詞が素晴らしかったと、後でアマテラスから賞《め》でられたのが、大《おお》祓詞《はらえことば》あるいは中臣祓《なかとみのはらい》と後に呼ばれるものでした。

この大祓詞の中に、「天津菅麻《すがそ》を本刈《もとか》り断ち、末刈り切りて、八針《やはり》に取り辟《さ》きて、天津祝詞《のりと》の太《ふと》祝詞を宣《の》れ。斯く宣らば、天津神は天の磐戸を押披《おしひら》き…」という個所があります。この意味は、「大麻の本末を切りさって、これを畑の神に返し、その中程は、細かく砕いて、糸にして、神に奉納し、太古の祖先より伝わってきた祝詞を奏上します」となります。

天津祝詞の太祝詞とは、トホカミエミタメとヒフミ祝詞であるといわれています。

菅麻《すがそ》の「菅」は、植物の管あるいは継ぎ手という意味もあり、神とのパイプ役である大麻を伝わって神々が降りてくるというところから、天津管麻とは、「神々が集い降臨してくるための麻」という意味になります。

トホカミエミタメは、天御祖神《あめのみおや》を守るトホカミエミタメ八神のことで、太古より伝わる奥義、太占（フトマニ）の序文によれば、この八神は魂の緒を降ろし、「永らえ」すなわち、寿命、命（ミコト）を結びつける働きをもっています。

「ヒフミ祝詞」は、つぎのような四十七の清音による言霊ですが、この中にも麻が歌われていて、意味を併記すれば、次のようになります。

一二三四五六七八《ヒフミヨイムナヤ》　九十百千万《コトモチロ》
蘭根蒔き《ラネシキ》　糸結い《ルユヰ》
強い《ツワヌ》　麻を《ソヲ》　多く育め《タハクメ》
交う悪《カウオ》　遠に去り《エニサリヘ》
天の《テノ》　増す汗《マスアセ》　掘れよ《ホレケ》

「一二三四五六七八九十百千万と麻（マオラン）を蒔きなさい。そうすれば結ばれてきますよ。生命力が強い大麻をたくさん育てれば、交戦してくる罪穢れが遠くに去るから、天から与えられた田畑を汗水たらして、一所懸命に耕すことができますよ」

という意味になります。

ラネは、真麻蘭《まおらん》（ニュージーランドヘンプ）や苧麻《ちょま》（ラミー）、黄麻（ジュート）、亜麻（フラックスリネン）、大麻（ヘンプ）など、アジア地域を中心に自生している麻の種類を総称して、古代にはラネという言葉を使っていたのですが、これは、アジア圏が太古の昔は、ひとつの文化圏であったことを表しているのでしょう。

幣立神宮で見つかったアヒルクサ文字で「ヒフミ祝詞」が彫られた石盤
（中央アート出版：神字日文解　吉田信啓著より）

ヒフミ祝詞がつくられた時代には、当然、日本はアジアとも交易していたのです。ヒフミ祝詞は超古代から受けつがれてきましたが、これを裏づけるように、熊本県阿蘇郡蘇陽町にある日の宮神宮の境内裏から神代文字のアヒルクサ文字で彫られた石版が発見され、それを解読してみるとヒフミ祝詞でした。

幣立神宮縁起書によれば、「太古、天神の大神が幣（大麻）を投げられたとき、それが突き立った場所を日の神を祭る幣立とした」とあります。

幣立神宮には、樹齢二千年から三千年を超える檜《ひのき》が繁茂していますが、なかには、一万五千年の命脈を保っているといわれる天神木が神宮と並んで立っています。その巨大な檜《ひのき》の腰にある八角形のこぶが鏡を表し、そこから上が剣、頂上が玉を表していて、上の部分が枯れても枯れても朽ちることなく、次々に新しい芽が出て生き続け、樹齢から推測しても驚くほど太古神代の昔から、ここに神宮が存在していたことになります。

神宮には、モーゼの神面と古代ユダヤの神宝「火の玉・水の玉」があり、[2]五色人祭が遥か太古から行われていました。

三種の神器と対応する「水・塩・大麻」

三種の神器とは、三位一体のミコトの極意を象徴した天皇芸術のひとつであり、スメラミコトの系譜に継承されてきた御神宝のことで、名古屋の熱田神宮に祀られている「天叢雲剣《あめのむらくものつるぎ》」(草薙の剣)と伊勢神宮に祀られている「八尺《やあた》の鏡」、それに、宮中にあるといわれる「八尺《やさか》の勾玉《まがたま》」のことをいいます。
これら三種の神器は、どこで造られたか謎とされていましたが、カヌチ・アマツマラという忌部族のルーツが阿波で製造したという伝承が、阿波の山方比古神社に残っています。(それについての詳細は、この章のふたつの立岩神社の項に書いています)
古代から罪穢れを祓うときに、塩を撒いたり、盛塩をしたり、あるいは水中で禊《みそぎ》をしたりして塩や水が使われてきました。元日の朝に初めて汲む水は若水といって、一年の邪気を祓います。
大麻ももちろん、依り代とされ、この三つは、いずれも罪穢れを祓うとともに、三種の神器とも対応しています。

〈剣《つるぎ》は水と対応しています〉

心に巣食う魔を切るのは光です。正しい剣は、光は切れず闇しか切れません。スターウォーズの映画にも登場するように、本物の剣は光でできています。光と闇は、善と悪の二元性に比喩されるように、光によって闇は消えてなくなります。

「水は方円の器に従う」といわれるように受容性があります。水は重力に従って流動し、剣も重力に従って振り下ろせば、よく切れるのです。

水に流すという言葉は、すべてを断ち切ることであり、相撲で膠着状態になれば、水入りといって割ってあいだに入り、新たに取り直しをします。神社には必ず水受けがあり、罪穢れを切ってから本殿に参拝します。

このように、水には穢れを切るという効力があり、水が剣ということができるのです。

〈塩と対応するのが勾玉《まがたま》です〉

勾玉は胎児の形をしていて、胎児は羊水と一体です。羊水と海水は生命を育むという意味で同じ母性的なものであり、生命を育む栄養素としての海水エネルギーは塩のことです。

イザナミ・イザナギの二柱の神が、天の浮橋に立たれて、オノコロ島を造られたときに、塩をかき回したとされています。そして、そのとき滴り落ちる形が勾玉に似ています。

〈大麻と対応しているのは鏡です〉

カガミの「カ」は、かたちの意味とエネルギーの「力」の意味があり、「カミ」はミナモト、「カガミ」は「内なる神を鑑みる」という意味があります。

そこで、カガミは、そのものの形を素直に映す鏡の意味と「麻に交われば直くなる」と昔からいわれていたように、人の心のミナモトである内なる自分を、ありのままに映し出す鏡の意味になります。伊勢神宮においても、鏡と神宮大麻は同一的な御神体とされていますし、依り代としての大麻繊維の光沢は心を映し出す鏡となり、アマテラスは鏡に映った自らの神に気づき、闇から開放されています。

三種の神器と対応する「水・塩・大麻」は、三種の神器のエネルギーそのものを表し、物質界に現象化した形のものです。

実際に、「水・塩・大麻」は、罪穢れを祓い宮中でもたいへん重要なものとされています。すなわち、「水・塩・大麻」は、三位一体テトラ精神の象徴であり、未来への循環型社会において極めて貴重なエネルギー源であるといえるのです。

古代ユダヤと古代ヤマト

古代ユダヤでは、「十戒の石の板」、「マナの入った壺」、「アロンの杖」の三つが神器とされ、

八尺の鏡に書かれているといわれる
神代文字
（徳間書店：超図解竹内文書　高坂和導著より）

これらは契約の箱に入っているとされています。

ユダヤの三種の神器が日本の三種の神器につながるとして、日本の三種の神器は、ユダヤから入ってきたという説もあり、契約の箱も剣山に隠されたという伝説もあります。

八尺の鏡は三種の神器の一つですが、森有礼は、伊勢神宮で八尺の鏡を見せてもらったところ、鏡の裏にはヘブル文字が書かれていたと主張しました。その後、古神道家の矢野祐太郎も、その文字を写し取り、これは神代文字であると考えました。よしんば、ユダヤから入ってきたにせよ、それらを造ったのは、ことごとく超古代のヤマトであり、ユダヤに渡って、また日本に先祖がえりしてきたのです。

古代ユダヤ人は、六芒星（ダビデ紋）を民族の象徴として用いていました。この六芒星を日本ではカゴメ紋と呼ぶのは、竹製の籠の網目に似ているからで、カゴメ紋は家紋などにも古くから用いられてきました。

このカゴメ紋の集合体が麻の葉模様であり、光のフィラメントといわれる光の模様のこと

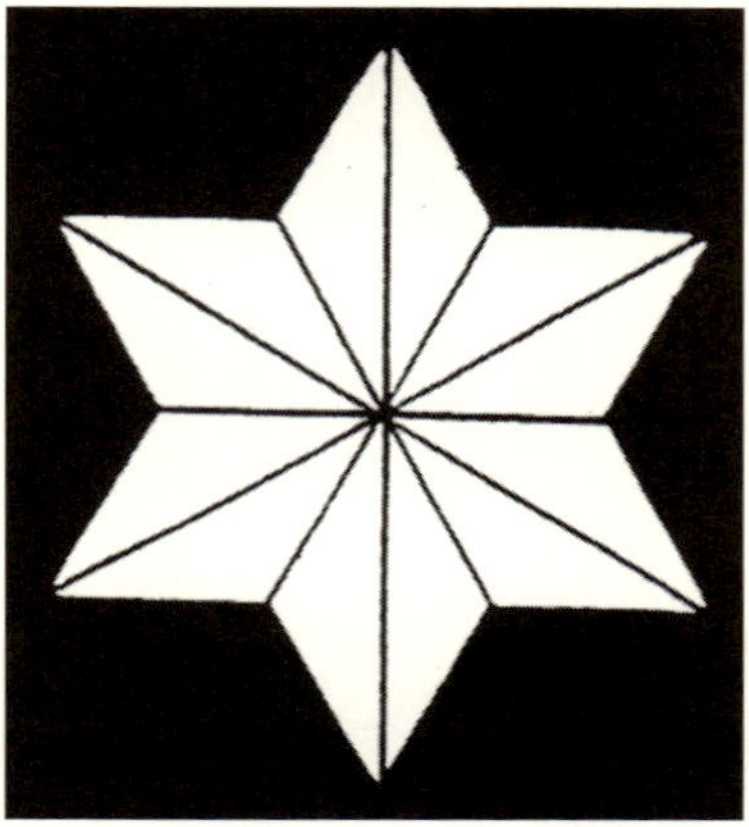
ユダヤの六芒星と共通性のある麻の葉家紋

で、太陽の放射を幾何学的に表現しています。
伊勢神宮の参道にある灯籠には、六芒星と十六の菊花紋が刻まれていますが、灯籠自体は戦後に奉納されたものです。
現在のイスラエルは、ハザール系の白人が九割を占めていて、古代ユダヤ人の系統であるセム系東洋人は少数民族になっています。僅かですが、ユダヤ人の建物で東向きに、つまり、朝日の方角に菊の紋が入っているものがありますが、古代ユダヤには菊はなかったので、この紋様は古代から太陽の放射を表したものでした。
古代ユダヤと古代ヤマトは、太陽信仰に基づく縄文文化が共通のルーツであり、それらはムー文化とつながるものと考えられます。

モーゼのこと

昭和四年十一月三日。茨城県磯原町皇祖皇太神宮において（この神社は天神五代、上古二十五代、不合《ふきあえず》六十九代、神倭《かむやまと》百二十五代と続いているスメラミコトをお祭りしています）、酒井《さかい》将軍氏《かつとき》は、棟梁皇祖皇太神宮神主家奥に秘蔵されていた古文書を紐解く席に立ち会った感動を次のように書いています。

「神宝拝観において、厚い錫板で密封した、二尺に七寸程の品物を受け取りました。宮司竹内巨麿氏ほか二名の見守る中、錫板を剥がして見ると、蝋引きの麻糸で巻き詰められていました。麻糸を解き終わると、真綿で包んでありました。麻糸と真綿の包みを繰り返しほどいていくと、最後に白紙に包んだものが現われました。それを押し広げてみると、美濃紙ほどの大きさの紙で、上の一枚は白紙であり、静かにこれを剥がしたところ、白煙のごときものが立ちあがりました。二枚目をはがしたところまた同じように立ちあがりました。そして、白煙は、最後の八枚まで同様に立ち昇りました。このときに、ああ学者は何と疑おうと論者は何と笑おうと、余は、ただ有り難く、この神文古史の前に拍手頓首するものであり、全文を原文のままに掲載するものである」と。

そこには、「アヂチの文字を神代文字形假名ト唐オニシ今上遠初石巣別天皇（顕宗《けんぞく》天皇）即位二年ムツヒ月六日詔して臣謹御受」となっていました。

大意は、「アヂチ文字で書かれてあったものを、遠初石巣別天皇即位二年の年にカタカナと漢字で書き移した」ということで書き写した人たちの名と印が次のようにあります。

大臣　神主大中政大臣紀竹内平郡眞鳥　書判
大連　大伴室屋　書判　大連　大伴金村　書判

その内容は、「フキアエズ朝六十九代神足別豊耡《たらわけとよすき》天皇即位二百年に、シナイ山より五色人政治王アヂチの大二会モオセロミュラス神が、大海原舟に乗り、能登宝達水門に安着し、早刻五色人祖皇大神宮に参拝した」とあります。

神足別豊耡天皇即位二百年というと、三千三百七十年前になります。

モーゼが能登宝達水門に到着し、日本に来て早々に参拝した五色人祖皇大神宮は、熊本県阿蘇郡の日の宮幣立《へいたて》神宮ではないかと思われます。幣立《へいたて》神宮には、モーゼの面が祭られているのです。モーゼはそのあと、御皇城山へ参朝して天皇に拝礼した後に、皇祖皇太神宮に参拝しています。

皇祖皇太神宮は現在は茨城県にありますが、もともとは、富山県にありました。モーゼの安着をお祭りしているのか、尖山は剣山と関係が深いといわれています。

しかし、本来の皇祖皇太神宮は、その当時、天国越根国にありました。阿波には古来から高越山という神聖な山がありますが、天国越根国というこの言葉から考えても、阿波と関係が深い場所に皇祖皇太神宮があったと思われます。

モーゼは日本に十二年滞在し、十戒法を開き、スメラミコトの承認をうけています。このモーゼの十戒は、その昔、ニギハヤヒノミコトがこの国に降り立ったときに、天神から授けられたといわれる「十種の神宝」を象徴しているものと思われます。

そして、帰りは極意を体得したので、天空船に乗って、イタリアボロニアに天降りした後、そこからシナイ山に戻っています。そのときに、スメラミコトから五枚の石板をもらい、「十戒法の表・裏、真の十戒」をアヂチフミ字で彫ったといわれています。

このように、古代ヤマトが世界を統合して、天空船を飛ばしていた文化がありましたが、消滅してしまう時期がやってきます。

神足別豊耡《たらわけとよすき》天皇の在位は四百二十八年間でしたが、その後半のことです。

「三度天地の大変動があって、土の海となり、万国の五色人全部死に天国越根のヒウケ方は全部大海」となりました。このことが、致命的でその後、ウガヤフキアエズチョウは七十三代をもって終焉を迎えたのです。

日本のお祭りにみる契約の箱

旧約聖書によると、ノアの箱船がアララト山腹に漂着した日が七月十七日で、この日に新しい時代が始まったとされています。

京都の八坂神社で行われる祇園祭のハイライト、山鉾巡行も同じ七月十七日に行われます。八坂神社の八坂が秘めている意味は弥栄であり、磐境であり、イヤサカエル（繁栄）です。古代ユダヤでは、契約の箱を運んだときの掛け声が、「イヤサカ、イヤサカ、エンヤラヤー」で、イヤサカはヘブライ語で、「神を讃へまつる」という意味になります。

祇園祭の山鉾巡行で、山鉾は山には登りませんが、「イヤサカ」と掛け声をかけることで、山頂まで登ることを表しています。祇園祭りで、同じ七月十七日に行なわれる御輿御渡りの行事では、三基のお神輿が鴨川を越えて四条河原のお旅所へ渡ります。

この光景は、ユダヤの民がエジプトを出て、契約の地をもとめて流浪していたとき、祭司たちが契約の箱を担いでヨルダン川を渡った状況（ヨシュア記）を思わせます。

契約の箱は、お神輿に似ています。

聖書（出エジプト記）に書かれてある契約の箱の作り方をみると、「箱はアカシアの木で作り、内側も外側も純金で覆います。箱の底部には担ぎ棒を通す輪を取り付け、それに、アカシアの木に金をかぶせて作った二本の棒を通して担げるようにします。金の細工で翼を広げたケルビム（鳥の姿をした天使）を二つ作り、純金製の覆いの両端に取り付けます」と細かく指定されています。

翼を広げたケルビム天使は、お神輿の上に乗っている鳳凰と共通し、世界中の鳥神伝説のル

ノアの箱船の物語を象徴するように剣山山頂にお神輿を運ぶお祭り

ーツである忌部天日《あめのひ》鷲命《わしのみこと》（詳しくは、鳥神伝説のルーツ・天日鷲の項参照）の系譜の天の使いであり、同じ太陽信仰文化として栄えていたときの存在を物語っています。

祇園祭と対応して、剣山（千九百五十五メートル）を御神体にしている大剣神社は、八合目にあり、山頂の宝蔵石神社は、やはり七月十七日が大祭にあたり、お神輿を担いで山頂まで登るという神事を行います。

伝統ある日本のお祭りの中に、古代ユダヤと古代ヤマトの共通の精神が伝承されています。

栗枝渡《くりすと》八幡神社のお神輿

剣山麓の東祖谷山村《ひがしいややまむら》栗枝渡《くりすと》地方に栗枝渡《くりすと》八幡神社という十六菊花紋の神紋を有した

鳥居をもたない神社があります。

クリストは、キリストの古代ギリシャ読みで、救世主の意味をもっています。

その昔、「東方の地に、ゆかりのある人が占星術でイエス・キリストが生まれたことを知ってベツレヘムを訪れ、幼子であるキリストの顔を見て帰った」と、マタイ伝に書かれていますが、東方の地とは朝日の方向であり、菊紋と太陽の関係とクリストの地名からもこの地の可能性が見えてきます。

栗枝渡神社のお祭は、十六菊花紋のハッピを着た若衆が、お神輿を担ぎます。この神社近くには、お旅石と呼ばれる四角いテーブル状の組み石があり、神社のお祭のときに、お旅石の上にお神輿を乗せて、ミタマウツシの儀式を行った後、ここを起点に出発します。

阿波に多数存在するお旅石は、有史以前のもので、欧州のジャイアンツテーブルやシュメールのエリドゥー神殿にあるコーナーストーンと酷似しており、方位石にもなっています。

神が宿るとされる、このお旅石の上にお神輿を休ませる風習は、古代ユダヤの民が契約の箱を担いで旅をしながら休ませたときの状況を再現するような風習で阿波特有のものです。

アワ族・忌部の道

日本では阿波（徳島）がルーツの忌部族は、奈良、紀伊、讃岐、出雲、筑紫、その他各地に

キリストと関係があるといわれる栗枝渡八幡神社

広がっています。関東も含めた東日本方面へも、千葉の安房を経由して、内陸部までとけ込んでいきました。

日本各地に麻や鳥、そして、アワという音にまつわる神社が多数存在することが、忌部ネットワークの広がりを裏づけています。

阿波忌部族が神武天皇の時代に、現在の千葉県に渡りましたので、千葉の安房《あわ》と四国の阿波は同じアワになります。

「アワ」とは、宇宙原始の音である「ア」から始まって、調和の「ワ」で結ぶ宇宙一切の循環法則を表しています。

麻のことを昔は「ソ」とも発音しましたから、千葉に入って麻《そ》がたくさん育った地を総の国とし、忌部氏の住んだところを安

忌部族にゆかりのある千葉の安房神社

房の国としました。

千葉県館山市にある安房神社に祀られている天太玉命《あめのふとだまのみこと》と天忍日命《あめのおしひのみこと》は、忌部氏の祖先神です。また、房総に点在する神社の多くは、忌部氏の祖先神である天日鷲命や天富命を祭神にしています。四国の阿波から千葉の安房に至る道は、古代からの重要な海洋交易のルートであるとともに忌部麻の道でもありました。

さらに、古代の天日鷲の時代には、世界中を天空船で交易していた文化があり、ヘンプロード（大麻の道）は、イムベ（古代忌部）のネットワークであります。

そして、阿波と安房を結ぶ忌部の道の中継地点に、伊豆大島を始めとする伊豆七島がありま す。大島はアワ族ゆかりのアワ島が、アウ島、オウ島、オオ島と音が変化していった経緯があり、アワシマとオオシマは音源的には同じ意味になります。

伊豆七島の神津島には、阿波命神社が鎮座していますが、他にもアワ族忌部の道は、日本中いたるところに張り巡らされています。

山の神・蔵王権現とシバ神

伊豆大島三原山は「御神火」と呼ばれ、大権現が鎮座する海に囲まれた御神体の山です。大権現というのは、役小角行者《えんのおづぬぎょうじゃ》(3)が葛木山や大峯山で修行していたときに、山の神様を現象化することに成功し、具現化した山の神様を蔵王権現と呼びました。

役小角行者は各地の霊山で修行をして蔵王権現を体得しています。浅間権現とか三原権現というように、山の神様の共通性と神奈備山の存在を唱えているのです。

したがって、シバ神も蔵王権現ではないかと思うのです。地球の屋根といわれる最高峰の山に鎮座している権現の最高神がシバ神であると。

シバ神は大麻を愛好している神様です。ですから、シバ神のお祭には必ず大麻が使われます。さらにシバ神を信仰する行者の中にサドゥーという人たちがいて、俗世間を捨て、家族を捨て、物も捨て、身一つでインド、ヒマラヤ、チベットの聖地から聖地へ巡る行を一生を通して行っています。サドゥーは聖地に着くとチラムという神とのパイプを使って大麻のエネルギーを体

数々の伝説を残す、超人・役行者

内に取り入れ、シバ神と一体になる神事を行うのです。
蔵王権現がシバ神であるならば、役小角行者も大麻のエネルギーを取り入れていたと思われます。役小角行者は貴族の出身ですが、天体祭祀の極意に精通していることから、そのルーツは忌部族と考えられます。忌部族は大麻を祭祀に活用していましたから、当然、大麻とのつながりはあったはずです。
そして、役小角行者は今から千三百年ほど前に伊豆大島に流罪となり、必然的に忌部の道を辿ることになるのです。
大島は富士火山帯でつながり、現在のメキシコ、ハワイ、イースター、ニュージーランドなどの環太平洋火山脈上（レイ・ライン）での地理的な経絡《けいらく》として位置しています。

火山エネルギーは太陽エネルギーと同じ、日（火）のエネルギーであり、ゼロ磁場(4)で蘇生型の生態系が循環しています。

伊豆諸島の方言で、太陽のことを「あなたさま」といいますが、大島には太陽信仰にゆかりのある神社として、「波治加麻《はじかま》神社」、「波浮姫命神社」、「大宮神社」などがあります。

古代太陽信仰の流れの中で日本は世界の最東端の「アサヒ」の出づる位置に属しています。したがって、大島は環太平洋火山脈上最も東側に属している海に浮かぶ神奈備山で、原始の太陽を拝める日の出づる伊豆という思念が浮かび上がります。

神奈備山が統べる古代ヤマト

神奈備山《かむなびやま》というのは、神々が鎮座する山のことであり、「神々がなびいてくる山」という意味であります。

大麻は、植物学名をカンナビス・サティバといいます。神奈備山とカンナビス。なぜか名前が似ていて共通性が感じられます。

ちなみに、カンナビス・サティバを古代の音に照らして解釈すれば、「神がなびいてくる平安の場」となり、依り代の意味とも通じてきます。神奈備山には御神体を象徴した祠《ほこら》がたっていますが、祠自体には本質の意味はなく、神奈備山全体が御神体になっています。

ヤマトの心を表している神奈備山

伊豆諸島などでは神聖な土地は、どこにあってもすべてヤマと称しています。島からみると、山と海は一体なのです。天もアマといいますし、海もアマといいます。島（シマ）、山（ヤマ）、天（アマ）、海（アマ）には、全部マという母性音が内在しています。天と海と山が三位一体になったところが島ということになります。

「マ」という音は、「間」という意味があり、時間、空間と使われるように、時と時の間、物と物の間のことを表わし、見えない時空を対象としていますので、スピリット（宇宙精神）の意味にも通じてきます。他にも「麻・真・磨・魔」などの意味も内在した、ママ、マザー、マーヤ、マドンナ、マリアなどといわれるように母性的かつ女性的な音です。

「ヤ」という音は、矢（ヤ）、輩（ヤカラ）、宿六（ヤドロク）、野郎（ヤロウ）などからもわかるように男性的です。山のヤの音は、八重、八雲のように幾重にも重なったとか、たくさん集まった八百《やお》空間という意味をもっています。

八は、八百万の神々、八尺の勾玉、八尺の鏡、八幡、八尋殿、八十八箇所、八坂（弥栄）などのように神々が集まる意味を有しています。八とか八百とか八百万という数は、調和、飽和、安定といった意味をもつ数であります。また、ヤは「屋・家・谷・夜」などとなり、何々「や」何々というように、物と物をつなげる意味ももちます。

山は、抽象的に三角形△で表わすことができるので、この形は鶴と亀、男と女などの二極が融和して、三位一体となり、安定した形△となっている状態です。

これらのことから、山は、「神々が寄りそった掛け橋としての空間」という意味になります。そして、あのカゴメの歌の秘密のとおり、鶴（天・△）と亀（地・▽）が統べって、ヤマが統合されたところをヤマト（✡）といいました。

太陽信仰ピラミッド文化

水の都（ヤマト）に日が来ると書き、日来水都（ピラミッド）と読みます。

ピラミッドは神奈備山と同様、天体祭祀文化の中で天体の運行と関係する時を刻む建造物として、カレンダーの役割りも備えていました。

古代の文化では、世界中にピラミッドが造られており、太陽信仰に基づいた古代国家の繁栄の象徴でした。ピラミッドというと、エジプトのメンフィス地方にある石造の方錐形がオリジナルの形だと思われていますが、酒井将軍氏《さかいかつとき》(5)は、「ピラミッドは太陽神を祭祀する神殿であるから、世界のいずれの場所にも見受けられるもので、エジプトの場合は山がないから、やむなく花崗岩を切り出して建造している。しかしながら、日本の場合は自然の山を利用していて、古事記に記されている天御柱八尋殿（アメノミハシラヤヒロドノ）もピラミッドのことだ」と言っています。

中南米やインドネシアのピラミッドは、ステップ式に盛り上がる四角錐の形をしていて、山頂部は平らに整形され、太陽をはじめとした天体の運行を観測する祭祀場になっています。これらのピラミッドをエジプトのピラミッドと区別して、環太平洋型ピラミッドということもあります。

また、シュメール文明のピラミッドは、ジグラット（神殿型聖塔）と呼ばれ、太陽神「ラー」を祭る都市国家ウルを中心に繁栄しました。

エジプトのギザの三大ピラミッドは、他の九十ほどあるピラミッドと比べて年代も古いのに、規模や設計や技術においても卓越しているので、三大ピラミッドは誰がどのような工法で建造

エジプトのピラミッド（右上）とアステカのピラミッド（右下）とシュメールのジグラット（左）

したのかという難問をなげかけています。

平均重量二トンの石材が約二百五十万個、それに付随するスフィンクスには二百トン以上の岩石が必要であり、これらがギザの南方九百六十キロメートル地点にあるアスワンから運ばれたと考えたとき、これに要する切削技術、輸送方法、積み上げ技術、どれも理に適った解答が見つかっていません。

ひとつ興味深いことは、ピラミッドの石と石との間に大麻の繊維の痕跡があることです。

大麻には、ものの粒子構造を細かくする調整作用と、ものをつなげる繊維としての効用があり、これによって、石の接地面を効率よく密着させて、ピラミッドを建設していったと考えられます。

テーベ近くのメムノン像は六百トンもあり、

また、バールベック台地にある平らに削られている岩のブロックは、二千トン以上のものもあります。古代に、加工場で花崗岩から切り出したとしても、これがコロで地上を運べるでしょうか。

このような謎が、世界各地の巨石文化に共通して存在しています。

四国にもドルメン型をした、数個の支石と一枚の天上石からなる石組み神殿形態が多数存在していて、人力では、とても乗せることができないほど大きな岩も存在しています。

大麻の道「ヘンプロード」

世界中の太陽信仰ピラミッド文化を結んでいくと、世界の「ヘンプロード」が浮上してきます。ヘンプロードは、ムー文明のときから存在していた縄文のネットワークといえる「大麻の道」であります。

日本でも各地に大麻の道の痕跡は残っており、たとえば、静岡県の御前崎から新潟県の糸魚川にぬける塩の道は、裏を返せば大麻の道であり、長野県などの内陸部でつくられた大麻布と海岸地域の塩や海産物などが交易されていました。

ちなみに、御前崎の海岸より内陸部に数キロ入った地点に、粟ヶ丘という海上交通の目印となる山があり、山頂には「阿波々神社」が鎮座し、南向きに磐座を有しています。

ヘンプロードは、古代大麻文化の道といい換えることも可能で、シルクロード以上に大規模なスケールで存在していました。今は、大麻という植物が理解されにくくなっているため、大麻文化と巨石文化はつながってきません。

しかし、太古につながっていたという意識を理解すると、古代からの大麻の道が浮上してきて、そこには、太陽信仰に根づいた循環型社会が見えてきます。

インカ遺跡やバールベック遺跡、また、アジアに点在する巨石遺跡の近くには、野生の大麻がよく見られます。

韓国の安東市は、ソウルから電車で五時間ほど南に行った町で、昔から良質の大麻繊維の伝統的な生産地でした。

二〇〇〇年の十一月に安東市へ伝統大麻産業の調査に行きました。そのとき、この地に住む、九歳から麻の糸を紡いでいる日本では人間国宝に相当する九十六歳の老婆に偶然お会いしました。そして、その仕事ぶりを拝見させていただいたのですが、魔法のような麻糸の紡ぎ方で、まるで、糸が物質化しているように見えました。

安東市とその周辺の地域には、ドルメンなどたくさんの石積遺跡が存在していることもわかりました。また、盃状穴やペトログラフなどもあり、ここにも古代からの大麻文化と巨石文化の共通性が見えます。この遺跡は岡山県やバリのブラカンエンにも存在する石積神殿と同様な

魔法のように糸が紡がれる麻糸づくりの達人老婆

もので、環太平洋ピラミッド文化の存在を裏づけるものでした。

バリ島も大麻の産地であり、ヘンプロードの存在が見え隠れしています。

大麻の道「ヘンプロード」は、神代のころからイムべ天日鷲が天翔けた光の道なのです。

鳥神伝説のルーツ・天日鷲《あめのひわし》

天日鷲命（アメノヒワシノミコト）は、忌部族の祖神である天太玉命（アメノフトダマノミコト）より七世下った神様で忌部氏の祭神です。

この天日鷲命が太陽信仰やシャーマニズムと関係が深く、世界中の遺跡の壁画や神話などのモチーフとして登場する神格化した鳥伝説のルーツになっており、ネイティブアメリカン、マヤ、インカ、アステカ、ナスカ、モアイ、ガルーダ、エジプト、ケルト、シュメールなど、世界中の太陽信仰文化にその痕跡を残しています。日本には超古代、鳥と岩の合体した天空船「アメノトリノイワクスブネ」（天鳥岩楠船または、天鳥船ともいう）が存在し、それにスメラミコトが乗って、世界中を調和的にバランスをとりながら統括していたという記録が古史古伝に伝えられています。

その天空船の離発着に必要な場が、神奈備山の磐座と祭祀場でした。祭祀場遺跡には大麻が密接に関係しています。それは多くの遺跡周辺には、自生ないしは栽培されている大麻が存在していることからもわかります。

ネイティブアメリカンはイーグル、メキシコではケツアルコアトルというように祭祀場遺跡にもう一つ共通しているのが鳥です。

北米インディアンの伝説にサンダーバードといわれる鳥の伝説があり、メキシコのニベンの石板にも鳥を描いたものが三十以上も存在しています。

マヤのナワ族の神話では、ケツアルコアトルは金星から飛来した鳥の神様で、ククルカカンという羽毛の蛇にも姿を変える鳥と蛇の合体の神様といわれています。ナワ族のナワは縄で、縄文文化がルーツであり、縄文土器や縄文字など同様の文化をもっていました。

マヤ暦とケルト暦は、一ヶ月が二十八日、十三ヶ月で構成されていて、暦にも共通性が見られますが、マヤの十字架は縦が鳥、横が蛇を表わします。しかし、ケルトの十字架は縦が蛇、

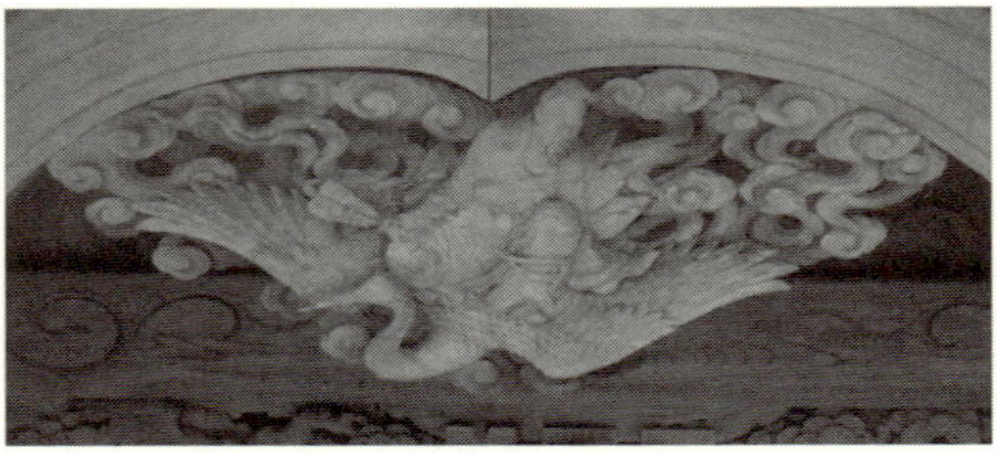

世界中にその痕跡を残す太陽信仰と関係する鳥伝説

横が鳥というように対応した表現をしています。

インドネシアには、ガルーダという鳥の王様がいて、ビシュヌ神の乗り物といわれています。ガルーダはジャワ島のホロブドゥールの遺跡をはじめ、インドネシアの多くの島にある古代遺跡によく見られます。

モアイ像が立並ぶイースター島の岩石にも鳥人の彫刻がありますし、ナスカ高原には鳥の巨大な地上絵があります。ナスカの地上絵は、上空三千メートルから見ないと絵がわからないような大きさで描かれています。

エジプトの壁画には、羽が生えたイシスや鳥神ホルスの目などが描かれています。ホルスの目は心眼といわれる第三の目と共通性があり、遠くを見据える宇宙的な洞察力を表わしています。

ちなみに、大麻を愛好していたといわれるシバ神は、第三の目（アジナチャクラ、松果体）が開いており、世界の屋根といわれるヒマラヤから、遥かかなたを観ていました。

また、エジプトのパンテオン神殿に見られる聖なる鳥セブは、宇宙の卵を生んだ偉大な鳥類として神聖視され、その卵から地球や人類が生まれたとされています。

エジプト「死者の書」にも、

「我は偉大なる鳥の卵を守護する
我が栄えるとき栄え、
我が生きるとき生き、
我が呼吸するとき呼吸するもの」

とあり、鳥は天地を創造した象徴とされています。

沖縄県立博物館に所蔵されているムーの線刻文字板に彫られている鳥も、オナリ鳥として崇められた海神の化身です。

その他、世界各地の遺跡や壁画及び伝説では、鳥は太陽に向かって羽ばたく自由の象徴であり、天地創造のシンボルとして重要な役割を担っていました。

その世界中の鳥神伝説のルーツが、イムべ天日鷲であり、太陽信仰と鳥と大麻の共通性からヘンプロードは、天日鷲の飛行ルートでもあり、超古代の神代の時には、天空船の航路、すなわち、光エネルギーの軌道でした。

神代文字のネットワーク

神代のころの痕跡であり、古代の世界共通の文字といわれるものに、神代文字があります。

太安万侶が撰録して七一二年に献上した古事記の序文には、

「諸家が所蔵している神々や天皇諸侯に関する系譜とその事跡は、すでに正実に違っていて、多くの虚偽を加えている。今この時に改めなければ、ほどなく、その本当の史実が滅んでしまうことだろう。そこで、これらに書かれている誤りを正さんとして、それらから選んで記録編纂した」


と書かれています。

この序文を読むだけで、それ以前に文書がいくつも存在したことがわかるはずですが、江戸時代に古事記を研究した本居宣長や賀茂真淵らが、「古事記の書かれた以前の日本には、漢字以外に文字はなかった」と言ったために、現代においても古事記以前に神代文字で書かれていた書は偽書であるとして認めないのが今の学問です。

こんな間違いが常識になっているので、現在は本物が見えにくいのです。

神代文字は、永い日本の歴史の中で何種類も生まれました。アヒル文字、アヒルクサ文字、カスガ文字、トヨクニ文字、イズモ文字、モノノベ文字、サンカ文字、ホツマ文字、カタカムナ文字などの神代文字で書かれた古史古伝や奉納文が神社仏閣などに保存されているのです。

神代文字とは、言霊としてのエネルギーを表現した波動文字になっており、非常に芸術的な合わせ文字といえます。

古史古伝としては、竹内文書・宮下文書・上記《うえつふみ》・東日流外三郡誌《つがるそとさんぐんし》・物部文書・九鬼文書《くかみもんじょ》・秀真伝《ほつまつたえ》・先代旧事本紀大成経・カタカムナ文献などがあり、それらには、超古代からのスメラミコトの系譜や天空船のこと、超古代の磐座、祭祀文化を中心にして、世界がひとつに機能していたことなどが記録されています。

日本の古代遺跡には、ペトログラフも数多く見つかっていて、そこには、神代文字が刻まれています。

山口県下関市長府にある忌宮《いわのみや》神社には、古代から幅一尺長さ三尺程の麻袋に神代文字のアヒルクサ文字で、「ミコノフトオモ」（皇子の太面）と書かれている「麻袋文字」といわれるもの

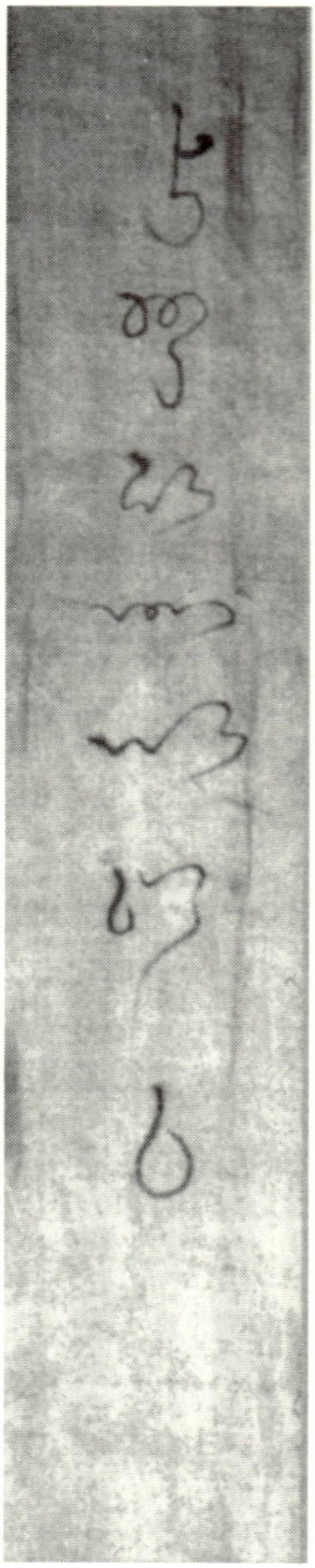

△神代文字のひとつ「トヨクニ古体文字」。「ソ」の字に麻が表されているのが興味深い

△忌部族が関係した儀礼に使われたと思われる忌宮神社に伝わる謎の「麻袋文字」
（中央アート出版：神字日文解　吉田信啓著より）

が伝わっています。麻袋が何に使われたかは不明ですが、忌部族が関係した誕生儀礼に関わったものだと想像できます。

ペトログラフは日本はもちろん、世界各地でも多数発見されていますが、日本の古代の言葉や神代文字で解読できる例も多いのです。

たとえば、ブラジル北部にあるペドラピンタダ遺跡の碑文は、神代文字のアヒルクサ文字で解読でき、「イサクとヨセフに船を降ろせる神を見よ。イサク、ヨセフとともに、これを手厚く守れ」と読めます。

また、オーストラリア北西部のキンバリー高原の謎の岩絵は、宇宙服をつけた人々と宇宙船の光景を描いたものですが、人物の頭上に書かれた文字は、神代文字で「カムラック」（神ら着く）と読めます。

中国の山東省陵陽河の大汶口遺跡から出土した縄文土器に刻まれた絵文字は、「スメル」と読め、スメラ、シュメールなどとの共通性を感じます。

中国の甲骨文字は、三千年以上前に殷の時代に作られ、漢字のもとになったといわれています。ところがその甲骨文字より古い碑文が、岐山や山東省から見つかっていて、中国の学者には解読できないでいましたが、これを日本語の言葉にすると解読できるのです。

西安郊外岐山の羅漢像に刻まれていた文字は、サハラ砂漠のティフィナグ文字ですが、「栄え賜はらなむ、ヘブル富むカムイに祈りを捧げなむ」と日本の言葉になっているのです。

山東省の陶器片に彫られた文字は、神代文字の中のアヒルクサ文字で、「カムサヒニシナテユキタル」と読めるのです。ナテはアイヌ語で河口の意味があるといいます。

また、イースター島には、ホツマツアがこの島にやってきたという伝説があって、ホツマツアが故郷をはなれたのは、島々が徐々に沈んでいくのに気がついたからだといいます。西を見て立つ七体のモアイ像は、ホツマツアの七人の息子なのでしょうか。日本でいわれている七福神とも対応していると考えられます。

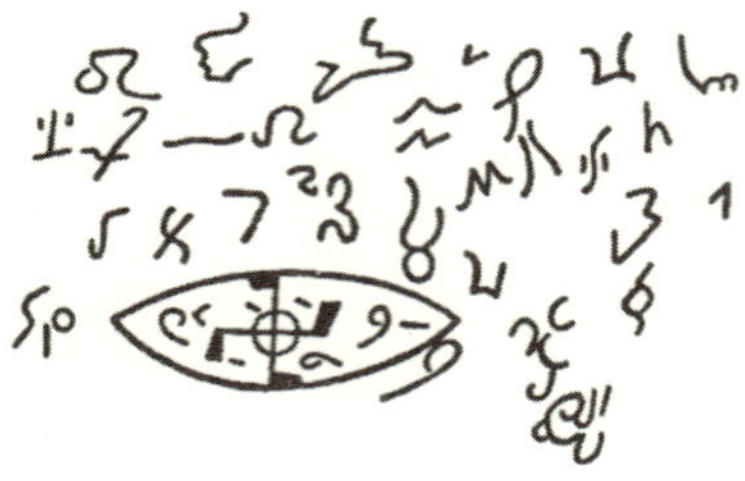

神代文字と共通性のあるペドラピンタダの謎の碑文
（日本文芸社：日本超古代文明のすべてより）

モアイ像の背中に刻まれた不思議な文様は、いくつかの神代文字で解読でき、「我はシバ、カムイ」と読めます。ホツマツアとは、古史古伝のホツマ伝に関連しているのでしょうか。

このように、超古代には地球全体に広がっていた神代文化がありました。

地球を統合に導く古代の叡智

これまでみてきたように、古代文明のなかでの大麻の存在は、文明が生成発展していくうえで、なくてはならないもの

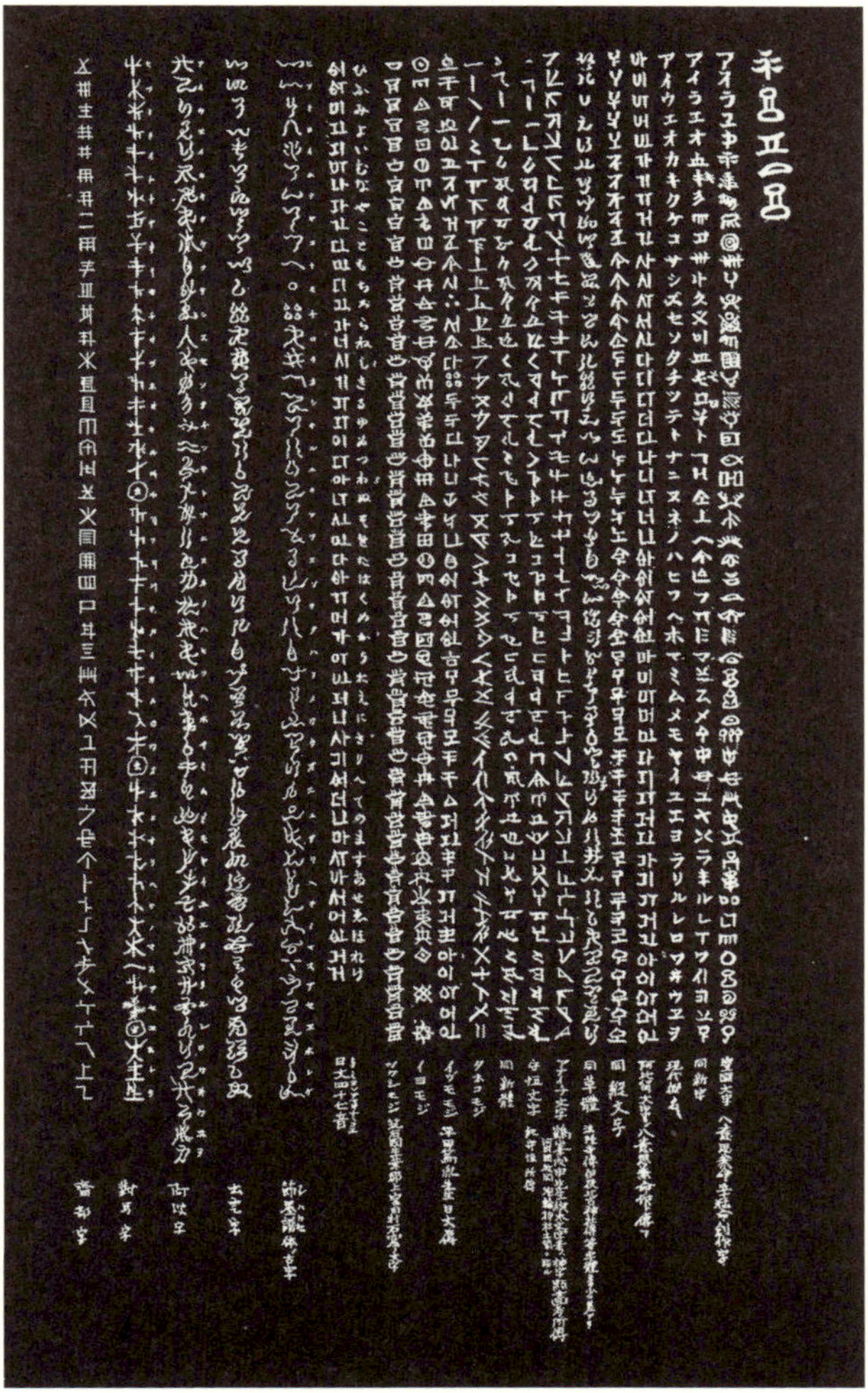

現代に残る神代文字の数々

日本の七福神と対応していると考えられる七体のモアイ像
（提供：チリ大使館）

でした。

超古代の神代のときからムー文化と共通性のある古代の縄文文化へ、そして、弥生文化を経て、様々な歴史を経験し、現代に至るまで、悠久の時空を人類とともに過ごし、文明に貢献してきた大麻のエネルギーは、天とつながる祭祀を通し、地球の循環呼吸のバランスを担ってきました。

古代の循環型社会は、天と地と人が三位一体になっていたマコトのヤマトの社会です。三位一体は二元性の統合したところから生まれますが、二元性の統合とは社会の中にあるのではなく一人一人の心の中にあります。

たとえば、新しい家を建てようとしたときに古い家を壊さなければ、そこには家を建てることができません。したがって、破壊と創造はセットになっています。どこに建てたとしても、そこの森林や自然を破壊することになり、建材を消費することも森林を破壊したことにつながっていきます。

したがって、どちらが良くてどちらが悪いという判断意識ではなく、両方が交互に循環して流動する循環感性の意識を思い出していくことが大切になります。循環していることは、生きているということであり、それは芸術そのものの真髄でもあります。

遺伝子にもオンとオフがあります。遺伝子がオンになるということは、無限の宇宙とつながるということです。夢を現実にするエネルギーと通じます。

そして、オフがなければオンもありません。したがって、マヤ暦で千三百年の闇の時代といわれた今までの世界も必然であったことに気づきます。

これは、闇と光、閉と開の法則性とも同じもので、交互に生じることによって、流れや変化が生まれ、進化の原動力になります。

二元性を統合し、中道に入り、三位一体を体現していくことが、地球での人の天命（おしごと）になっているようです。それには、まず、内なる二元性の統合が重要であり、それにより、自然に社会のバランスがとれて、地球がいきいきと生きて光り輝いてきます。

無限のエネルギーを有する大麻の天然循環資源の特性と精神的な資質は、太古から続く地球の叡智のひとつであり、それらを自然に継承してきた古代文化のスピリットには、感謝と感動を覚えずにはいられません。

(1) 式内社　平安時代の九二七年に完成した延喜式神名帳に記載されている神社のことで、三千百三十二座定められています。
(2) 五色人　太古に存在していた世界の人類を赤・青・黄・黒・白と分類し、それを総称して五色人といっています。
(3) 役小角行者　七世紀から八世紀に活躍したといわれる修験道の開祖。後に神変大菩薩といわれ、数々の離れ技をしたと伝説が残る。六九九年に伊豆に流罪になる。
(4) ゼロ地場　ほとんど磁石が北を指さない蘇生率の極めて高い場所。究極のイヤシロ地。
(5) 酒井将軍　(一八七四～一九四〇) 世界各国を遍歴し、ピラミッド日本起源説を唱え実証を試みる。ユダヤと日本の共通性を提唱。

三の章 ✡ 宇宙文化と大麻のはなし

アワに降りたスメラミコト

「イムべ」とは、縄文ムー文明時代に活躍した天体祭祀を行う一族で、忌部族のルーツにあたります。縄文ムー文明時代とは、スメラミコトの系譜でいえば、ウガヤフキアエズチョウの頃のことで、惑星間の文化交流をもち、非常に高度な文化を築いていました。

芸術的で宇宙的なテクノロジーをもつイムべの民は、スメラミコトをサポートすることで、古来から地球のバランスに貢献してきました。

四国の山中に磐座遺跡として残っている巨石文化の場は、イムべから忌部へとつながる永い歴史を通して祭祀を行ってきた場所です。イムべ族はムーの部族でもあり、ムー文明でも祭祀を司っていましたから、末裔の忌部氏も縄文ムー文明の痕跡である磐座が残存している四国において、祭祀を執り行うことになります。

イムべのルーツは、ムーの時代よりもさらに超古代のアワ（現在の徳島県）の地にスメラミコトと共に降臨した存在です。他の天体のエネルギーが、地球上の精妙な地に同調して、三次元の肉体をもった人間として、ここに現象化したのです。

異世界のものが異世界に行って、スピリットを体現して帰っていくこともまた、自己の意識を広げるためのひとつの学習であるのかもしれません。

天孫降臨の中心地である剣山

かぐや姫の物語のように、他の星から降りてくることは、文化を発展させる意味でも、お互いにとって有意義なことなのでしょう。

超古代には、このような降臨が何回もあったと思われますが、なぜ人間の形に現象化したかといえば、その時の状態において、この地球上での使命と目的を遂行していくために、もっともふさわしい形であったということです。

すなわち、肉体はスピリットを乗せて運ぶためのスペースシップでもあるのです。

「竹内文書」(1)によると、スメラミコトの系譜は、宇宙創造後、テンジン七代、ジョウコ二十五代、ウガヤフキアエズチョウ七十三代、カンヤマトチョウ百二十六代、今上天皇までを万世一系としています。

ジョウコ一代目で、多くの皇子皇女が誕生、完全衣食住が完備し、薬草、マジナイ薬を調合、大麻から紙や繊維を作り、炭をつくり、円鏡、剣、飛行船も造られました。そのジョウコ一代目は、三千百七十五億年前で、アメノヒダマの国からスメラミコトは飛来してきたと記されていますが、これは地球がいくつもの次元をもった多重次元構造になっていることを示しています。

いい方を換えれば、現在の地球文化かつ現実社会は、現代の科学や社会の流れ及び人類のものの考え方によって見えているだけであり、異なる次元の認識をもっていた超古代には、現代とは、まったく違った地球文化や宇宙観があったと考えられるのです。

今の地球次元に少し近づいた頃に飛来したのは、ウガヤフキアエズチョウにスバル座から金星を経由して降臨したスメラミコトでした。

四国の剣山（鶴亀山《つるぎさん》）付近に降りたエネルギーは、膨大なメモリーのＤＮＡを有して物質化しましたが、このときの宇宙音を「アワ」という地名に残しました。

秀真伝《ほつまつたえ》では「ア」は右巻きの渦、「ワ」は左巻きの渦で表し、宇宙始原の音アから始まって調和のワで終る「アワ」が根源エネルギーだということを伝えています。

スメラミコトと共にイムべも飛来してきました。このときスバル（プレアデス）の五十音からなる言語も伝承され、現在の日本の言葉のルーツになりました。

多重次元チャンネルのメカニズム

この宇宙は三次元も五次元(2)も含めていろいろな次元が重なって存在しているのですが、今の地球がたまたま三次元と呼ぶ姿に見えているのは、地球の共通意識が、そこにチューニングし、そのように創り上げているからです。

今は物質文明の時代ですから、意識が物質にチャンネルを合わせています。そのような共通意識から少しシフトして意識をつくれる人は、違った次元にチャンネルを切り替えて、違った世界に身を置くこともできるのです。

五次元と三次元では、まったく異なった文化ですから、普通には接触することはできないというのも、チャンネルの切り替え方がわからないだけで、各々の次元は、そもそもサポートし合っていますし、三次元に住んでいても、もともとは高次元から飛来してきたわけですから、高次元にチャンネルを切り替えることも可能なのです。

それを可能にしやすい空間が、神奈備山や祭祀場などの聖域や大麻や水晶などで浄化され、イヤシロチ化された空間です。その空間は意識をクリアーにし、エネルギーを集中させることに適していて、高次元の領域ともアクセスすることが可能になっています。

その高次元の領域を我々の言葉で、クオークと呼ぶことができます。

宇宙はクオークのレベルで共通していて、クオークレベルの次元であれば、ワンネス（単一）であり、ワンネスの空間から様々な次元の空間を構成していくことができます。

ＤＮＡというのは、宇宙が生成し次元進化を繰り返していく中でつながっている、クオークの情報を有機的に運営していくためのメモリーです。ＤＮＡ、つまり遺伝子の暗号から肉体に関する遺伝子情報を解読することは、今の科学でもほぼ解明されていて、細胞からクーロンをつくることも可能になっています。

しかし、ＤＮＡよりさらに振動波の細かいクオークレベルの情報は、多次元的に共通しており、そのクオークレベルの情報に働きかけることによって、時空間移動（テレポーテーション）ということも必要に応じて可能になってくるのです。

高次元の領域に関与するには、クオークの状態で可能になります。たとえば、パソコンをつかって、平面に書かれた図面を立体図面に変えることも可能なように、脳の処理ソフト（意識）をバージョンアップして変更することで、違った次元にシフトすることが可能になるのです。

スの音に秘められた意味とイムベの世界

スメラミコトがスバルから金星（ビーナス）を経由して飛来してきたことで、「ス」という音には特別な意味が秘められています。いくつかの言葉を羅列してみると、スメラミコト（天皇）、スシン（創造主）、スホム（天宮）、スベル（統べる）、スウコウ（崇高）、スピリット（宇宙精神）、スフィンクス（神の怪獣）、スペース（空間）、スメル（シュメール）、スバラシイ、スナオ、スジミチ、スミキル、スゴイ、ステキ、スズヤカ、スコヤカなど。

そして、そのスの音がアワの音と共鳴し、アスワ（麻）となり、天体祭祀に大麻を活用していたイムベの世界と通じてきます。

アワの天孫降臨の聖地を中心に、やがて世界に一大文明が広がっていきましたが、その時代の日本の地理的形状も今とは異なっていて、ユーラシア大陸やムー大陸とも一部でつながっていました。そのとき、ムー文明と縄文文明は同じ位置づけになっており、文化の交流もありました。ムー文明には、イムベとは別に飛来したカムナ族もいました。

ムー文化において、イムベとカムナはアメノフトダマノミコトとアメノコヤネノミコトに対応する両極を体現し、天体祭祀を担当して、ムー文明のバランスを担っていました。ムー文明は何回もの繁栄と衰退を繰り返すことで、異なった複数の文化を数回にわたって広範囲に築いた非常に永い歴史をもつ文明であり、環太平洋の火山のエネルギーでつながったレイラインを結んで天空船や伝説の鳥が羽ばたく光の空路が存在していました。

天空船が離発着する場所は神奈備山の磐座で、太陽、鳥、大麻などで共通していました。そして、それを裏づける痕跡を現在に残しています。その痕跡のある地域は、インディアンイムべ、インカイムベ、マヤイムベ、アステカイムベ、ガルーダイムベ、モアイイムベ、ケルトイムベ、エジプトイムベ、シュメールイムベとイムベをつけて呼んでも過言ではないほどに、イムベの循環科学が関与した痕跡と共通文化を有していました。

ムー大陸にムー文明を築いたイムベは、ある時期にエジプトやシュメールの地域に移り住みました。ムーからエジプトやシュメールに移住しなければならない重大の理由は、ムー大陸の大変動にありました。それにより、ムーの文化は世界に広がり、各地にピラミッドやジグラットなどの神殿の建設の必要性が生まれました。

このように、古代四大文明が発祥した裏には少なからず、天体祭祀文化のイムベの影響があったと思われます。

イムベの天体祭祀テクノロジー

ピラミッドの建設は天体祭祀の祈りを通し、宇宙のサポートと特殊な能力を活かして、考えられないほどの芸術的な方法で石組を造っていきましたが、そのときにイムベ族が祭祀を担当し、その他の部族や民は、他の様々な仕事を担当して共同でピラミッドを建設しています。

ピラミッドは王の墓ともいわれていますが、墓として使用されたのはピラミッドが造られてから後の時代のことであり、イムベが各地のピラミッドの建設に関与した目的は、天体や宇宙と一体となり、惑星周期に基づく時間の流れや宇宙の情報を地球の文明に取り入れるための空間づくりを天体祭祀文化の広がりにともなって、地球規模ですすめていくことが必要になったからです。

メソポタミアにシュメールの都市国家ができたのは、今から四千八百年ほど前とされていますが、シュメールの根源は、さらにその昔の縄文ムー文明にあって、文化が広がっていった中で古代ユダヤやシュメール文化などと連動していきました。

シュメールの後にバビロニアの空中都市に代表されるように、バビロニア文化が栄えた時代が三千八百年ほど前にあります。

古代ユダヤの失われた十部族の一つがアフリカに逃れて文化を発祥させたエチオピアに、その起源をもつラスタファリズムという思想がありますが、ラスタファリアンたちは今の社会をバビロンと呼んでいます。彼らにとってバビロンとは、エゴ的な意識が台頭した支配的な文化形態のことで、都市はすべてバビロンであり、石油を中心に経済を発展させようとする考え方などはバビロンシステムとなります。

そのバビロニアで使われていた暦をヒントにして、グレゴリウスがつくったグレゴリオ暦が、キリスト教の流れにのって、全世界的に広がったのが、今使われている不規則な暦です。

宇宙の時間は自然な流れですから、完全に天体のサイクルに基づいているマヤに代表されるような暦は、その昔、イムベなどの古代人がもたらした時間芸術です。

エジプトの王ラムセス二世(3)のミイラの上に、大麻の花粉が撒かれていたことが確認されています。また、ピラミッドの石と石のつなぎ目に大麻の繊維が発見されています。

二の章の古代文化と大麻のはなしの「太陽信仰ピラミッド文化」の項でも少し検証しましたが、いったい、何のために使われたのでしょうか。

天体と交信しやすくするための大麻の意味を知っていた古代のイムベは、石と石の間に大麻などを活用して、つなぎ合わせることで、石の接触面を調整して密着させることに使い、それにより、宇宙（天）とピラミッド（地）がつながりやすい状態を創っていたと思われます。

これらは、イムベのもつ植物と鉱物を使った天体祭祀のテクノロジーといえます。

イムベからインベへ

イムベの文化は、エジプト、ユダヤ、シュメールを中心に各地に受けつがれていきました。

アッカドのサルゴンがシュメールを征服したのが四千三百七十年程前、この時代の頃になると、次第に地球全体の重力波動が増し、天空船ではなく海上船による航海が主流になっていきました。

シュメールからさらに東に向かったイムベは、海を渡って四国にたどり着きました。四国の磐座のルーツは超古代の縄文ムー文明ですから、自分たち忌部のルーツに関係する磐座の痕跡を利用して、再び祭祀を執り行うことになるのです。

忌部神社の裏山にある忌部祭祀の場である磐座

この時代からイムベに代えて「インベ」と呼ぶことにします。

インベの天体祭祀文化は、星々とコミュニケーションをとって、航海術、占星術、呪術などに使われましたが、遥かイムベの宇宙時代の頃の天体と一体になって、星そのものが自分であったという意識に比べると精度は低下していました。

徳島県貞光町吉良にある忌部神社[(4)]は、奥の院である清頭丘山を含めた友内山一体を御神体として鎮座しています。しかし、表の顔としての忌部神社に参詣に訪れる人も奥の院の磐座までは登っては行きません。磐座の祭祀場の岩には盃状穴《はいじょうけつ》もあり、古代からインベ祭祀文化のポイントになっていましたが、今は自然に同化し、わかりにくくなっています。

祭祀場には列石やリンガムの岩があり、石で組んだ超古代のジグラッド形態ともいえる石の長い階段が太古の神殿を思わせます。

天体祭祀の神事では、盃状穴に大麻の種や薬草をいれて、マジナイ棒ですりつぶし、神々にささげ、大麻を通して、天と地をつないで天体とのコミュニケーションを図りました。

インベは磐座で祭祀を執るときに、トランス状態となり、意識体が天体とコミニュケーションをとり、高次元の情報と同調して一族繁栄の指針と参考にしていました。

天体は身体の経絡やチャクラなどとも対応しているので、各々の器官やチャクラと対応している星々とのコミュニケーションを図ることで精神的かつ肉体的な調整をすることもできました。

インベは大麻を通して自分のチャクラを全開にする奥義を体得していました。草花は天体とコミュニケーションをしていますが、チャクラは花びらと同じで、チャクラが開けば人も天体と交信することができます。

シュメール系の海洋民は、天体との交信を海洋術に活かして、自分たちの位置、天候、潮の流れなど、現在のナビゲーションシステムに匹敵するような情報をつかんでいました。そして、そもそも自らに備わっている「天体ナビケーションシステム」を発露させ、考えられないほどの速さで目的地に着くことができました。また、自分が宇宙とどの程度の調和度をもっているかということを知る参考にもしていました。

このような聖なる科学者の役割を担うインベ族は、光通信や天空船のメンテナンスなど宇宙的なエンジニアとしても活躍していました。

古代の光通信ネットワーク

剣山の山頂には、七十トンもの磨かれた巨石「宝蔵石《ほうぞうせき》」があり、太古の光通信ネットワークの痕跡をうかがわせています。

光通信は各地の神奈備山の頂上やその周辺に数多く見られる鏡石と呼ばれるもので行われていました。広大な表面をもった石を平らに磨き、太陽の光を反射させ、山から山へと伝えるものです。ほとんどの場合鏡石は、垂直に立っていて、日の出か日の入り時に水平に走ってくる太陽光を水平直角方向に送るもので、平地が薄闇に包まれている頃、山頂ではキラリと輝いて遠くに伝わっていったのでしょう。

古代の光通信の痕跡である剣山山頂にある「宝蔵石」

他にも太陽の高度との微妙な角度で光通信ネットワークを活用し、現代社会以上に情報化された本質的なコミュニケーションを行っていました。

剣山一体は、古代巨石文化の中枢センターでした。その磐座遺跡をスケッチして眺めていると、そこで行われた一大イベントであった祭祀の様子のイメージが浮かび上がってきます。

夏至や冬至などの祭祀は、数人のシャーマンによってではなく、大勢が参加して、各々が持ち場を担当しながら、一つの行事を心を合わせて行っていました。

そのためにも、光通信は非常に重要でした。さらには、光通信ネットワークでつながった剣山を囲む山々の祭祀場とも連動し

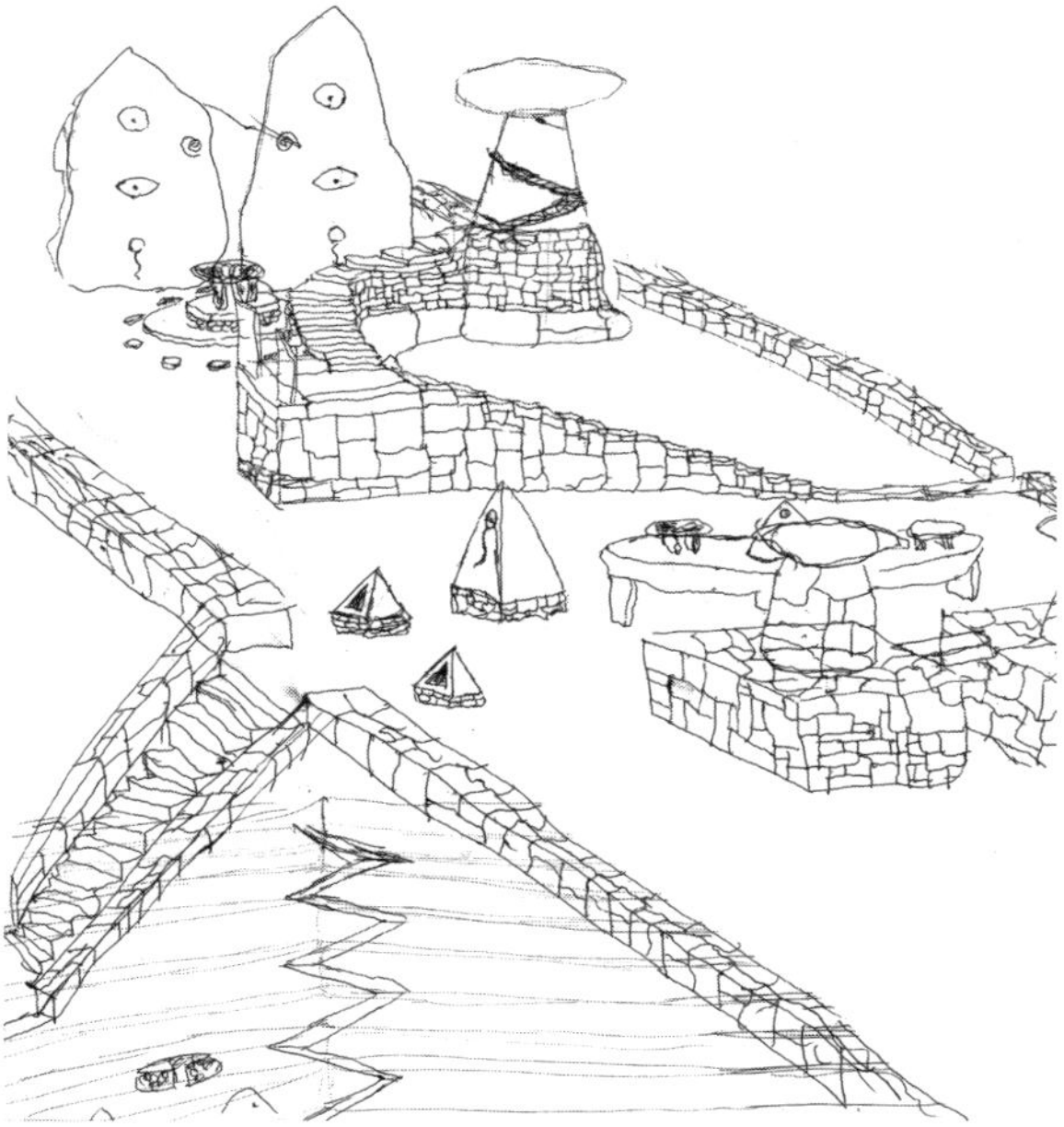

超古代の遺跡をイメージしたスケッチ

て行われていました。

その祭祀の重要な目的のひとつに、アメノトリノイワクスブネ（天空船）の離発着があったものと思われます。そして、祭祀場は管制塔の役割を担い、イムベが祭祀場で依り代としての神木などを使って祭祀を執り、天空船を誘導するように磐座に空中着陸させていました。

その離着陸させること自体が御神事であって、御神事が成功することで、スメラミコトが天空船に乗り、世界中を巡航してバランス調整することができました。

アメノトリフネのウタ

カタカムナのウタのなかに次のようなアメノトリフネに関するウタがあり、天空船の離発着の様子が見えてきます。

アマカムナ
アマカムヒビキ　ツアツアツア
イカツ　オホワタ　アメカムロ
アメノトリフネ　サヌキアワ
ウマシアシカビ　トビハッチ
オホゲツヒコヒメ　シナツヒコ
アオヒトクサキ　オホヒルメ
ヤソシマムスビ　アマ　アナト

これを読んでいるとアメノトリフネの離発着の様子が見えてくるようです。

「アマ」は天や海であり、アラユルマということですから、宇宙に内在する現象系にある、あらゆるものをいいます。

「カム」は形の見えない潜象系で、アマと重畳している五次元界ということです。

「ナ」は中心となる存在のことで、「アマカム」の中心的存在を表し、自分を大宇宙と捉えたときには内なる自分と捉えることもできます。

「アマカムナ」と多くのウタがこのフレーズから始まっていますが、この三次元の宇宙（アマ）、そして、五次元の宇宙（カム）と自分（ナ）との三位一体のつながりを表しているのでしょう。

「アマカムヒビキ　ツアツアツア」は三次元と五次元の空間が磐境の空間で交わり、ツアツアツアと音を響かせている様子を表しています。

また、イムべの祈りの声が、このように聞こえたのかもしれません。

「イカツ」は電気のこと。

「オホワタ」の「オホ」は大きいという意味ですから、「イカツ　オホワタ」で、電気が大きいワタのようになって充満している空間となったことを表しています。

「カムロ」は、形の見えない空間で囲われた（ロは囲い）という意味ですから、三次元空間の一部に五次元空間が重なり、区切られた空間をいうのでしょう。

その空間に「アメノトリフネ」が降臨しました。

「トリフネ」のもともとの意味は、「ト」は統合、「リ」は分離、「フネ」は二つの羽根という意味ですから、「アメ」つまり、クオークの状態に分離して再び統合し、物質化する時空間移動の乗り物という意味になります。

「サヌキ　アワ」という言葉が、膨張と収縮の二元性が統合された状態、つまり、そのものが生命エネルギーを発生させ呼吸し、循環した完全三位一体の法則として、アメノトリフネの飛行原理を表した言葉なのでしょう。

「ウマシアシカビ　トビハッチ」の「アシカビ」は葦と黴のことで、縦にのびる葦、横に広がる黴ということから、縦横の意味を表わし、「ウマシアシカビ」で縦横無尽に飛来する様子を表しています。

そして、「トビハッチ」の「トビ」は飛び、「ハ」は橋、箸、艀、梯子などのように、端と端を渡す思念があります。「チ」はつながる意味。「ハッチ」が宇宙船の昇降口を表す言葉ですから、「トビハッチ」は、飛んだと思った瞬間につながっているという時空間移動の状況を表した言葉であります。

「オホゲツ」で物質化するという意味になりますが、「オホゲツヒメ」はアワの国の神名になっています。これは天孫降臨があったということを明確に伝えている言葉だと思われます。

「ヒメ」は秘めですから、見えない次元のエネルギーが物質化して現われる様子を表し、「ヒコ　ヒメ　シナツヒコ」の「ヒコ」は次々にという意味で、「シナツヒコ」は続けてという意味です。

「アオヒト　クサキ　オオヒルメ」の「アオ」は根源、現われる意味ですから、「アオヒト」で根源から発生した人の意味になります。

「オホヒルメ」は、ひとつにとどまって発生しているという意味ですから、移動してきて現われるのではなく、人とか草木がその場所からポッと物質化のように自然発生してくるのでしょう。また、オホヒルメやオホゲツヒメはアマテラスの分身名であります。

「ヤソシマムスビ　アマ　アナト」の「ヤソシマ」は多くの島々、多くの場所という意味で、「ムスビ」は結ばれているという意味になります。

「アマ」は天、「アナト」は穴の門という意味で、ドルメンが天に穴を開けてつながる岩戸の意味になり、管制塔の役割もあることから、アメノトリフネの離発着場になります。

そして、船の港がミナトなら、アメノトリフネの離発着場は「アナト」というように言葉の関連性がうかがえます。

このように、カタカムナのウタにあるアメノトリフネのウタは、天空船の飛行メカニズムと離発着及び誘導操作のマニュアルのようなものだと考えられるのです。

共鳴する大麻と羽

世界中の巨石文化は、大麻、天日鷲、天使、鳥神、羽、天空船、太陽信仰文化などで共通し

鳥スタイルのシャーマン

ています。

大麻と羽の関係は、たとえば、ネイティブアメリカンは鳥の羽をつけてサンダンスを踊りながら太陽に向かって羽ばたき、ツングースの人たちは鹿の格好をして、まるで飛ぶように踊ります。

鳥と鹿は天と地に対応しているシャーマニズムの象徴ですが、シャーマニズムの根源はイムべにあると考えられます。

イムべが行っていた秘儀には、太占（フトマニ）と神籬（ヒモロギ）があります。

ヒモロギというのは、神様を降ろしてくる大麻、すなわち依り代のことで、フトマニというのは鹿の肩甲骨を焼いて吉凶をみる占術でしたから、フトマニとヒモロギの奥義を用い、天空船の離発着を円滑にしていたということなのでしょう。

古神道的には大麻は依り代といわれ、神様が寄ってくる目印や合図の作用をもち、同時に時間空間の次元調整の役割も担っていました。羽を秘めている天空船がどこに向かうのかといえば、祭祀に使用されている大麻に向かって飛んでいきます。

すなわち、羽根は葉根とも通じ、大麻のもっているバイブレーションと羽根のもっているバイブレーションが共鳴し、一致することで引き寄せられていったのです。

天空船が飛来するサヌキ・アワ

磨くという字は麻と石の組み合わせであり、人の罪穢れを祓い、心を磨く意味にも通じます。この植物と鉱物の組み合わせに古代のテクノロジーの秘密が隠されていると思いながら四国の調査に入ったときにサヌカイトにめぐり合いました。

大麻とサヌカイトは、非常に重要な組み合わせであるという直感がしています。

サヌカイトは、今から約千三百万年前の瀬戸内地域の火山活動で噴出した特異な火山岩とされていて、古代は石器道具などにも加工されていました。大阪の二上山、大分県の祖母山などでも産出されますが、讃岐の金山で産出されるサヌカイトは世界でも類を見ないほど素晴らしいものだといわれています。

サヌカイトの現在の使われ方は、様々な形に加工して、一方の端面に溝を深く切り込み、さらに加工した物を吊るして鐘のように鳴らしたり、木琴のように並べて打楽器として使われた

様々なサヌカイトフォーン

りしています。共振する領域が非常に広いので、我々の耳に聞こえないほど非常に高いサイクルで常時共振共鳴して響いているということです。これらは、サヌカイトフォーンと呼ばれています。

サヌカイトマウンテンこと讃岐の金山の地主であり、サヌカイトの分身のような研究家の方とその金山に入ったところ、山自体が常に鳴動している感じがして、この岩こそが天空船に関係があるのではないかと感じました。

サヌカイトの音色は、セラピーとしても最適だと感じます。

この石に内在している調和の振動波は、叩くことによって、人間の器官やチャクラに働きかけて調整する作用をもっているようです。

サヌカイトが非常に幅広い振動領域をもっていろいろな波動と共鳴するということは、サヌカイト自体が次元を越えた振動波を受信発信し、高次元のメモリーを有しているように思えるのです。

アからワという音には様々な振動波が含まれています。その音霊のエネルギーがサヌカイトに秘められた音感コードにアクセスして天空船を誘導し離発着させることに関与した。そんな思いが夢のように広がってきます。

サヌカイトの研究家片岡義和教授は、「サヌカイトが、地表から数メートルの深さにしか散在しておらず、大きくても数メートルの塊であること、存在する場所が非常に狭いこと、石のエレメントがこの周辺に存在する他の石と著しく異なることなどから、サヌカイトは遠く宇宙からの贈り物ではないかと思うことがある」と書いています。

ほんとうに、これは超古代に他の天体から、飛行体として四国に転送されてきた巨大な隕石と考えるだけで血が踊ります。

サヌカイトの出す音は、お寺で読経に使うときの鐘の音色を放射した、いうなれば光の音色とでもいいましょうか。中国の天台大師智顗《ちぎ》が鐘の音に乗って、天界を訪れたという逸話がありますが、お寺の鐘も罪穢れを音で祓い、天に行き来する音霊になります。

「闇」という字から「音」を出すと「門」になります。この「門」に「鳥居」を入れれば「開」くという字になります。

音を出して神様と共に神楽を興じることでクローズされていた闇の世界が開かれ、オープンになる。アマテラスが岩屋から出てきたときのように岩戸の門を開く方程式ができあがります。

このように、開くときには必ず音を出すことが必要となってきます。音を出せば門になり、スターゲイトになります。スターゲイト役のドルメンが天空船の発着場のゲートなのです。

サヌカイトの産出地であるサヌキと麻の産地であるアワは、二元性を象徴する相似的な地であり、超古代の飛行場として機能していました。

サヌキという音には、差を抜くという意味があり、祭祀によって、天と人と地の次元の差を取るサトリと考えられます。次元の差をなくして天空船を離発着させる法則が、サヌキのサトリでありました。さらに、サヌキとアワのサトリは、サヌカイトと大麻のサトリ（二元性の統合）によって、「天地人」の三位一体を体得することです。

すなわち、それは呼吸であり、鳥と岩の合体といわれるアメノトリノイワクスブネは呼吸する生きた岩であり、生命の循環作用である呼吸は宇宙船の科学の神髄でもあります。

そして、その循環科学を古代人はサヌキとアワの収縮と膨張で表わしていました。

天日鷲命とは天空船のことなり

私は、天日鷲命がアメノトリフネ、つまり、天空船そのものではないかと考えています。スメラミコトを天日鷲命の背中に乗せて世界中を天翔けて交易していたのです。

その仮説に照らして、古史古伝や遺跡など、あらゆるものを考え合わせていくとそれが次第に理に適ってくるのです。

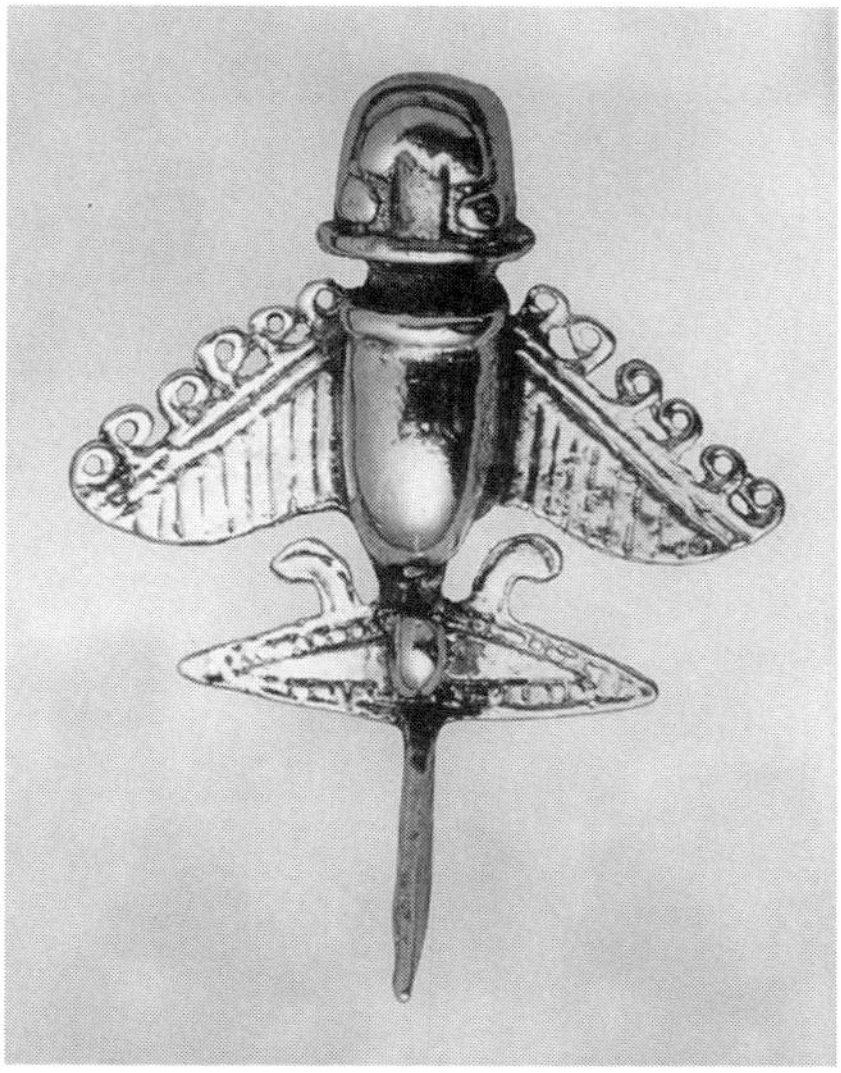

コロンビアで見つかった黄金のジェット機（上）とインドに伝わる空中に浮く飛行船ヴィマーナ（下）。いずれも超古代に世界を天翔けていた鳥の形をした天空船の痕跡

天日鷲命が天空船だとすれば、天空船自体が意識あるいはメモリーをもっていることになり、イムべはこれを物理的に操縦する必要がなくなります。

天空船と一体になるのは、スメラミコトであり、イムべは祭祀場にいて神事を執り行うことで霊的な遠隔操作をして、天空船の離発着からメンテナンスまでを担当していた多次元的なエンジニアだと考えられるのです。天空船のメンテナンスを担当していたということは、天空船の正体である天日鷲命のサポートをしていたということになりますから、その後にイムべの末裔である忌部氏が天日鷲命を祭神にするのも当然の流れになります。

したがって、天日鷲命は、アメノトリノイワクスブネや天鳥船、または天空船などと様々な名前で呼ばれていた神格化した「生きた宇宙船」そのものであるといえるのです。

鞍馬寺と貴船神社に存在する天空船の痕跡

京都市北部にある鞍馬山は、昔鞍馬天狗がいて牛若丸が武技を習ったといいます。

天狗は呪術的にも麻の葉と関係があるといわれ、忍者は跳躍力を養うために大麻草を飛び越える練習をしたとあるように、天狗も忍者も大麻と関係が深く、ここにもイムべのシャーマニックな叡智が伝えられています。

その鞍馬山の中腹に鞍馬寺がありますが、鞍馬寺には六芒星の模様の庭があり、六百五十万年前に「サナトクマラ」という金星人が降臨したという伝説も残っています。

鞍馬寺にある地下空間は不思議な空間で、シャンバラ(5)につながっているかと思えるほどです。その鞍馬寺に隣接して貴船神社があります。貴船神社の境内には磐境が残っていて、そこには小さい石を船形に積んだ石積遺跡があります。貴船神社の参道に沿って小さい神社がいくつかありますが、ある神社の前に二人三人が座れそうな船の形をした石が置いてあって、昔どこからか飛来してきたという伝説が残っています。

これらを見ていると、貴船神社も天空船を誘導していた管制塔であったと思えてきます。貴船とは貴人の船とも貴方の船とももとれますが、いずれにせよ天空船をモチーフにしたものだと思います。その天空船が離発着していた場所が、鞍馬寺の裏山にあたる魔王殿の周辺にある磐座でした。

鞍馬寺と貴船神社に見られるお寺と神社の関係は、四国の八十八箇所においても、神域を守るようにお寺が建てられたことと対応しています。

縄文芸術の宇宙観

縄文文化は天体祭祀の民族で、農耕的作業を営みながら特殊な能力を有していました。自然の神奈備山を利用し、ピラミッドを建設して、上下水路を構築し、薬草や鉱物のことを充分に

貴船神社の境内にある船型の石積遺跡

熟知しており、天体のサイクルや自然の理を把握していました。

諸惑星の公転周期も自転周期も三角関数やピタゴラスの定理も当然のこととして理解しており、とんでもない桁数の計算も行っていました。物質を使用するテクノロジーではなく、物質をもたなくても機能的に循環したテクノロジーをもっていたのです。

農耕文化は、太陽の動きや天体のめぐりに基づき天候を知る、つまり、日知り（聖《ひじり》）ということが重要で、雨乞いの儀式や祭祀を行い、五穀豊穣を祈願し、環境のバランスをとり、「農」と「神」は一体であることを認識していた文化でした。それが現代に伝わって、お祭りは収穫祭と連動しているのです。

祭りは、罪穢れを祓う行事であり、「麻吊り」と同じ意味をもち、人間から魔をとって人になり、日（ヒ）を統合（ト）した完全な存在ということになるのです。

お祭りでは、御幣などに大麻繊維を使用したり、大麻の素材を利用することで、邪気を祓い、祭りの安泰を約束することなどに活用されていることからも大麻とお祭りの深い関係性をうかがわせます。

縄文時代は、一般的に数千年前の頃と認識されていますが、もちろんその縄文時代も存在していました。しかし、超古代にも縄文時代のような時代が何回もあったと考えられます。その都度、文化の形態は類似しながらも少しずつ違っていきました。

ナスカの渦巻き遺跡（上）とアワの渦巻き遺跡（下）の共通性。渦巻きの巻き方が反対になっているのが興味深い

したがって、歴史に示されているような縄文文化よりも、もっと高度に進化した縄文ムー文化も存在していたと認識しています。

縄文文化は世界的には、エジプトやマヤ・インカの文化、ネイティブアメリカン、ハワイ、ケルト、シュメールなどに共通しており、太陽信仰に根ざしていました。

マヤ・インカでは縄文遺跡と同じ形態の遺跡や土器が発掘されています。他にも、ナスカの渦巻き形井戸と徳島市の栄螺の泉のように世界中の出土品や遺跡に共通性がみられます。

このような縄文文化は、天体とつながった文化であり、その根源的な文化がスバル（プレアデス）文化でムー文明とつながる文化でした。

縄文アートの数々

　ちなみに弥生文化は、そのルーツがカシオペアのアトランティスの文化で、ものを上手に使って文明を発達させていく文化でした。アトランティス文明は、水晶を多方面に利用して、調和的に物質を発達させた文化でした。現代の文化は、弥生文化の流れのもとに発達した結果、物質主義に片寄りすぎ、心を忘れた物質文明に進んでしまったのです。物質主体の文化は左脳の働きに属しています。

農耕的な天体祭祀文化は直感型であり、右脳の働きに属していますから、物質に対し、エネルギーを発達させた文化でした。

人類の文化は、物心両面が必要で、両極にある文化を振り子のように、今まで何回も交互に繰り返して学んできました。脳もバランスが大切で、左脳を発達させた現在の文化の後は、右脳を発達させる芸術的文化に移行していくことも自然なことです。それにより、右脳と左脳のバランスがとれてきます。現代は、ムー文化が復活する状態にシフトしているようで、そのためにプレアデスや縄文などの精神がクローズアップされているようです。

精神文化から生まれた縄文芸術は、世界中にその痕跡を残し、未来の惑星社会に必要な共鳴していた太古の地球の記憶を発信しているのです。

縄文の宇宙飛行士

縄文文化がルーツであるマヤ・インカをはじめ、ペルー、ブラジルの広範囲にわたって、きのこ石やきのこと関係する壁画などの縄文芸術が多数発見されています。

日本でも秋田県鹿角市の大湯環状列石（ストーンサークル）でも、きのこ型の石が出土していますし、きのこ石は、日本のマラ石やメンヒル、世界的にはファリックストーンと共通する生命エネルギーの発生ポイントで発射装置としての意味をもっています。

たとえば、マヤ人は大麻や薬草以外にも神々の肉といわれる「テオナナカトル」と呼ばれる精神作用のあるマッシュルームを儀式にも使用していました。

テオナナカトルはサイコアストロノート（精神世界の宇宙飛行士）の精神的な乗り物と考えられていて、これを使い多次元世界へ精神旅行して自らの生き方や一族の方向性を知るための神事に使用していました。

きのこが男性性なのに対し、大麻は女性性であり、大麻も精神飛行の祭祀に活用することで受信の役割、すなわち、着地するための依り代としての使い方ができることから、テオナナカトルも大麻もサイコアストロノートとしての乗り物、つまり、内なる宇宙船につながるものなのです。

釈尊が体得した神通に天眼通や神足通をアートとして画いたのが、蓮のうえに浮く姿ではないでしょうか。悟った人というのは、永遠の今の中に生きることによって、あたかも何かに乗せられて移動しているような状態を体得しています。

昔は、みんなが罪穢れが祓われた意識をもっていて、集合意識が軽かったので石も重いとい

宇宙飛行士を思わせるマヤ・パレンケで見つかった、パカルヴォタンの石棺の蓋のレリーフ（徳間書店：超図解竹内文書　高坂和導著より）

う世界ではなく、石はもっと軽い次元だったのでしょう。したがって、人間の意思と対応したレベルで石も動かしやすかったのです。

要するに、重力も軽く、人も石も浮いたような状態になっていて、天日鷲命を祭神にしていたイムベも半分浮いて移動していたと思います。

人の想念も調子が悪いときには重くなります。病気を患ったときなどは立っていることさえ困難になって寝てしまいます。しかしながら、調子のいいときには軽く、半分飛んでいるみたいに疲れないので、山の上でもピョンピョン飛んでいけそうな感じになります。「飛ぶ」ということが科学的に認められていないこの文化の中でも、心が軽い重いというのは明確な意識として感じられます。

過去を後悔している人は重い。未来を心配している人も重い。しかし、心配も後悔もなく永遠の今を生きている人の心は軽くなります。

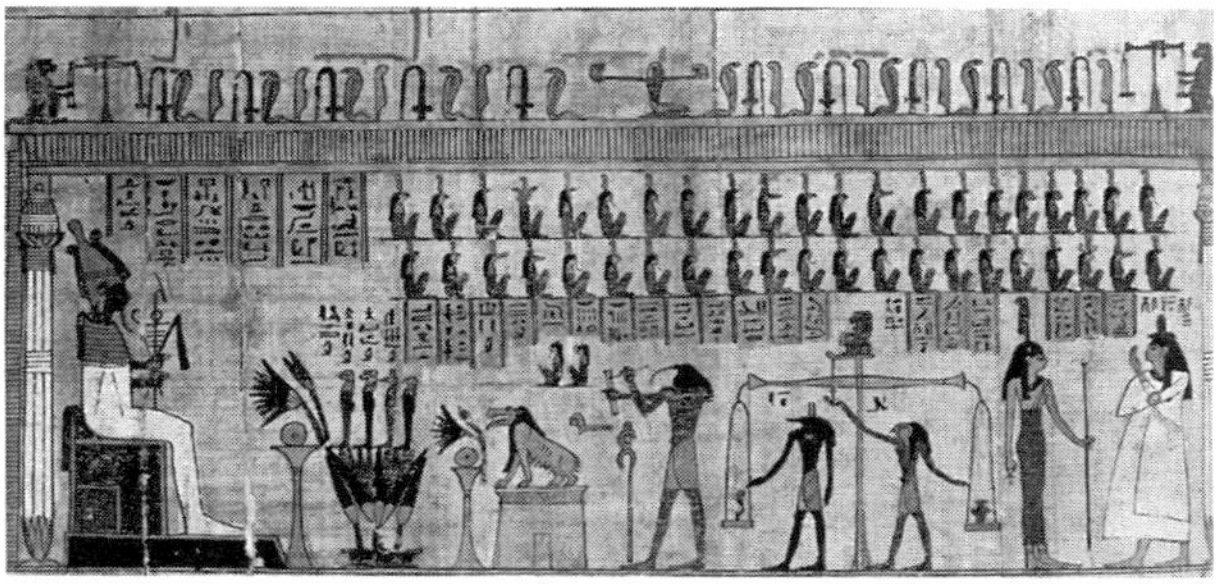

パピルスに書かれたエジプトの「死者の書」（学研ムーの付録より）

エジプトの壁画に死者の魂と一枚の羽毛の重さとを計り比べているパピルス画があります。

オシリス神が臨席する審判の場に死者が引き出されて、計量が行われているものです。

天秤の一方の皿には、マアトトの羽毛をのせ、もう一方の皿には胸から転げ落ちた心臓がのせられるのです。心臓は生前の良心の象徴です。天秤の目盛りを読むのは運命の神で、罪重き心臓ともなれば、その霊は即座に断たれてしまいます。

今の人たちにとって、心が羽より軽い状態は難しいかも知れませんが、古代エジプト人たちの心の重さは羽毛と比較できるほど軽いレベルであったということです。あるがままで精一杯生きようとしている人の心は非常に軽いから、どこへでも行ってしまいます。これを現世的にも「あの人は飛んでいるようだ」と言いますが、このちょっと感覚的な言葉にも的を射ていることがあるから日本語の音は面白いのです。

古代の封印をとく鍵は、言霊、つまり、「コトの魂」の謎解きにあると感じるのです。

言霊の謎解きは、意識の概念がはずれることで閃いてきます。とすれば、言霊の謎解きは、サトリの世界に通じるものかもしれません。考えるからそれまでの概念からはずれない、心の空を集めて自分の考えを消したとき、空間からの想像力がポンといって生まれてきます。日常の幻影を越えた中にこそ人生を楽しく生きるコツがありそうです。

罪穢れが祓われて軽くなり、振動数が高くなる延長線上に、もっと自由な次元である浮遊、テレポーテーションの世界が存在するのです。

役小角の精神飛行

役小角《えんのおづぬ》がテレポーテーションしたという伝説が残っていますが、役小角がそれを可能にしていたのは、永遠の今を生きることでワンネスの次元を完全に体得していたからでした。

役小角の時間軸には永遠の今しかありません。永遠の今しかなければ、「いつ」とか「どこ」とかいう理解にはなりません。

たとえば、ものを創るとします。今の三次元の時間認識は直線的になっているので、いつ施工していつ完成かということになります。

伊豆大島の役行者窟。夏至の日には、太陽が真正面から昇る

しかし、「イマココ」を生きて時間を超越している人が建造物を造れば、今ここしかないのですから、アッという間にできてしまうことになります。

今の時代、私たちの文化は重くなっています。しかし、超古代の石を動かしていた時代は、人間の意思と石は連動して岩が動いたと考えられます。瞬間的に位置する意味を考えてみると、すべてがワンネスであり、ワンネスの意識になっていないとできないことです。

ワンネスの意識は、宇宙の状態を非常によく理解しており、心も軽く周波数も高くなっていて、どこの位置もここという意識で任意の場所に物質化したのでしょう。それを人間のレベルで体得していた役小角行者は、大島から毎夜富士山に遊びに行っていたと伝えられています。最初は竜にサポートされて富士山に行っていましたが、体得が進むにしたがって、竜もいなくなったといいます。

役小角は、千三百年程前の呪術家で葛木山に住んでいましたが、弟子の韓国連広足《からくにのひろたり》の讒言で六九九年に伊豆大島に配流されてしまいました。そして、二年後に許されて島を出たと伝えられています。大島には、その時に役小角が修行したという行者窟が残っています。

役小角は鬼人を使役して、葛木山から金峰山の間に橋を掛けさせたり、色々な山に入って、金剛蔵王権現を感得したりしたことで修験道の始祖として崇められています。

こんな話を聞いたことがないでしょうか。

臨死体験をすると時間や空間に束縛されないリアリティーが現われてくるということを。

これは交通事故に遭った人の体験談ですが、「事故にあった瞬間に肉体から意識が出てしまいました。すると、その意識の自分が横たわっている自分の肉体を客観的に見下ろしているのです。周囲の人も大声で呼びかけています。そんな状態を見ていていたたまれなかったこともあり、自分の意識の中で生まれ故郷を意識した瞬間に周りの景色が変って、意識の自分は田舎にいたのです」

ここにも、テレポーテーションの科学のヒントがあると思います。時間と空間に束縛されていない領域に意識があることで、思った場所が、いまここに来てしまうのです。

テレポーテーションの科学

テレポーテーションのメカニズムというのは、時間と空間に束縛されない次元領域を活用し、時空シフトするということです。

天空船とは時空間を移動する乗り物であり、その空間は宇宙と一体のワンネスの次元になっていて、どこへでも行けることになります。

この世は、すべて自分の意識の現われと考えれば、意識が意識したところに位置（一致）するということになります。

宇宙船の科学の究極は、この肉体が宇宙船になることです。

人間は、この地球上で肉体をつくり出した高次元のエネルギー、つまりスピリットですから、元来そのような能力をもち合わせていたはずです。永遠の今という境地を生きている人は、ひとつの世界になり、肉体が宇宙船となって、アッという間にいろいろな所に行くことができてしまいます。

昔は何かを始めようとしたときには、企画や計画をたて、それに基づいて行動をするのがあたりまえでした。しかし、現在はシンクロニシティーというか一種のテレパシックな作用に基づいて直感的に行動していくなかで、あたかも遠隔で打ち合わせをしたかのように、適切な時期に適切な人に出会って物事が進んでいくという合理的な世界になってきました。

このような高次元の意識で、ものを創ったり、行ったりしたときには、従来のようにあれこれと手順をふまなくてはならなかったことも省略できて、非常に楽しく、まるで魔法のようにでき上がってしまうのです。

ワンネスの世界、つまり、素粒子の世界や高次元の世界では、テレポーテーションや物質化は、あたりまえの現象なのです。そして、そのような高次元のエネルギーを活用することで、地球文化も飛躍的な進化をとげますが、高次元のエネルギーを調和的に活用するカギは、平和に基づく人類の高次元の意識なのです。

惑星間生態系ネットワークシステム

スメラミコトの叡智の中で、「水・塩・大麻」のエネルギーは、完全三位一体の法則として、シリウス星系や琴座などの様々な星を経由して、約五千億年というレベルで継承されてきたエネルギーです。

ビッグバン宇宙の始まりが約百五十億年前、地球の始まりが約四十六億年前と普通はいわれています。しかしこれは、三次元に物質化された宇宙であって、宇宙はさらに高次元がいくつも重なって、次元上昇をしながら低い次元とつながりサポートし合っているという宇宙の循環システムがありますから、五千億年という天文学的な年代は、そのような多次元的な要素を含んでいるといえます。

今の次元は物質文明ですが、五次元以上になると物質文明より精神文明の方が主流になってきます。その領域には、私たちの肉体とつながったエネルギーも存在していますから、高次元の世界では宇宙はワンネスになっているのです。

ワンネスとは、「ひとつである」ということですが、この宇宙は、すべて相互に織りなされるタペストリー（模様や風景などを織りなす織物）のような、ひとつの存在であるといえるのです。つまり、宇宙はひとつの生命体であり、地球と金星やスバルをはじめとした各々の天体は惑星間のネットワークでつながっています。したがって、自分の体の部分部分の違いをひとつの肉体意識で認識するのと同じように、金星やスバルもワンネスの一部として認識できる意識の次元が存在するのです。

ムー文明と関係が深い夜空に輝くスバル座（プレアデス）

この地球に太陽系外のスバルやシリウスから、高次元のエネルギーとして、直接飛来してくる形態もありますが、金星などを経由してくる形態もあります。その違いは何かといいますと、金星は同じ太陽系に属していることと地球から近く姉妹のような関係性から宇宙的にみれば価値体系が似ているのです。

たとえば、シリウスから直接飛来すると地球上では適合しにくいものが、金星を経由してくることで地球に適合しやすい状態に調整されて理解しやすいものになります。その意味でも大麻は地球上では適合力と多様性に優れており、金星を経由してきていると考えられるのです。

古代インドの聖典「リグ・ヴェーダ」

に登場する「ソーマ」に代表される精神性植物は、鳥が金星からもたらしたといわれ、天日鷲とインベの関係や縄文マヤのケツアルコアトルと金星の関係性からも大麻の金星経由が裏づけられます。ちなみに、大麻のクオークエネルギーの発祥は、水の波動の共通性からも宇宙の源泉であるシリウスと考えられます。

地球が今、パラダイムシフト、つまり、次元上昇という星レベルの成人式を迎えて、子供から大人のエネルギーに移行していく過程にありますが、金星はすでに、次元上昇を経験していますから金星（ビーナス）は地球（ガイア）を全面的にサポートしてくれているのです。

したがって、金星を経由してきている大麻は、もともとが調和した存在なのです。

このように惑星間レベルで、あらゆるエネルギーがコミニュケーションをとっていますから、地球上の生命体も、そのルーツは様々な惑星から来ている可能性があります。

天体祭祀文化をもっていた古代人の宇宙観は、天体が内なる大宇宙につながるナビゲーションシステムであると知っていましたし、生態系を惑星間でとらえた「惑星間生態系ネットワークシステム」として認識していました。

シリウスに起源をもつ大麻やきのこ

大麻は、シリウスを起源に様々な星を経由して適合してきた調和のエネルギーを内在した存在ですが、シリウスから直接飛来してきているものに、「イルカ」や「きのこ」があります。これらは、多次元的な存在形態をもち、非常にユニークな宇宙的生物といえます。

たとえば、きのこの育つ形態を見てみると、前の夜に幼菌として五ミリくらいであったきのこが、翌朝には五センチくらいに育っています。これは地球上の他の生物と比べても著しく成長が早いのです。半分物質化といっても過言ではないくらいの成長率です。もし、これを人間や動植物に当てはめてみたとしたらとんでもないことに気がつきます。朝植えて芽が出たのものが、次の朝には何メートルにもなっているというような育ち方です。

イルカも地球上に溶け込んで適合していますが、意識形態はテレパシックで水の中に住んでいると同時に陸地にも住んでいる感じがします。

たとえば、オーストラリアの先住民族でエアーズロックを中心に生活しているアボリジニは、アボリジナルアートの中にイルカを明確に描いています。しかし、彼らは海とは接触していないし、現実的にはイルカを見てはいないのです。イルカは、この三次元に肉体を有して住んでいながら、同時に多次元的な領域にも住んでいることをイルカ自身も知っているようです。

アボリジニもテレパシックな生活をしていて、遠くにいる人と意識でつながることができます。イルカともコミュニケーションをとることができて、イルカのメッセージを陸地の内陸部にいながら感じています。

アボリジニの教えでは、イルカは現象的には海にいても潜象的には、この陸地に意識体として存在していて、海のことも全部イルカに教えてもらっているというのです。イルカは海のことを知っていてあたりまえですが、陸のことも全部知っています。

イルカはシリウスから直系で来ていて、地球の価値体系も充分理解しており、我々より高度な次元に住んでいます。シリウスは金星よりさらに深遠な星で、光の水の波動を有する銀河の源泉といえる星です。

イルカや鯨は、地球上では水中に住んでいますが、それはイルカたちにとって、この形態が地球をサポートする目的にいちばん適しているからです。

きのこも、そのほとんどが水分であり、人間も含め地球自体水の惑星ですから、シリウスとは母子の関係に似ています。

水は電磁波の影響も少なく、すべてネットワークでつながっています。鯨なども海の中に住んでいますが、地球中の生命体とコミニュケーションをとっています。

地球上に存在している生命体は、現在の地球の意識に適合して物質化していますが、もともとは、宇宙にあまねく存在していた愛の結晶体であり、ワンネスの次元から飛来してきた、宇宙生命の光の種子たちなのです。

宇宙のサポートシステムについて

宇宙はそもそも一体であり、段階的になっているわけではありませんが、宇宙の自然のサポートシステムについて、わかりやすく数字（奇数）を使って説明します。

たとえば、一段階、三段階、五段階、七段階という星があったとします。七段階の星は一段階の星には、なかなかサポートすることができません。七段階のエネルギーが一段階のエネルギーを直接サポートしてしまうと、三段階と五段階の意味がなくなってしまうからです。七段階が一段階を直接サポートすることもあるのですが、基本的には、すぐ上の段階が、すぐ下の段階をサポートするという段階的なサポート体制であれば、進化するときにすべての段階が平等にステップアップするので各々の存在理由が生まれます。

たとえば、地球が一段階だとすると、三段階に金星があり、五段階にスバルがあり、七段階にシリウスがあるといった形態ができて、シリウス・スバル・金星・地球と段階的に飛来してくることで各々が学べることになり、すべてが効率よく、合理的に進化していきます。

もし、七段階の存在が一段階の存在をいきなりサポートしたりすると、一段階には受け皿ができていません。したがって、その状態では降りてこられません。しかし三段階の人たち、たとえば、金星の人たちは価値体系も似ているし、人間型生命体に近いので人間が必要以上にびっくりしない、やさしい状態でサポートが行われます。しかしながら、緊急の場合には、びっくりというカルチャーショックが必要になることもあります。

あまりにもずれてしまった意識を有してしまったときには、一気に調整しようとする作用が生まれるのです。

あまりにも人間が本質のエネルギーからずれてしまい、エゴ的な意識で文化を形成していると災害が起こったりします。個人的にいうと事故やアクシデントが起こります。それによって、たとえば、臨死体験という強烈な体験をして、カルチャーショックを受け本当の愛に気づく場合もあるのです。

あまりにもずれ過ぎてしまったときには、いっぺんにサポートするということも、宇宙の法則として許されているのです。しかしながら、基本形態は愛と調和であって、立体的にサポートし合う仕組みができているのです。

このように、相互に理解し合いながら相互に進化していくうえで、宇宙の基本はサポート体制になっているのです。宇宙には法則性があって、この宇宙の意思に則った行いをしていると、宇宙からサポートが得られ循環機能してくるのです。

それは、あたかも何か大いなるものに乗っているかのような安心の状態であり、いってみれば、大船（宇宙船）に乗っているということなのです。

宇宙精神時代の到来

宇宙のエネルギーが、この地球のエネルギーに適合して降りてきて、初めて人という形態で現象化します。赤ちゃんが生まれるのも同じ形態であると思います。

地球に存在していた民と飛来してきた民との違いはありました。神道文化的にいえば、天津神と国津神の違いですが、この違いは基本的に許容範囲内になっています。許容範囲内でなければ降りてこられないし、振動数が違いすぎれば適合できないからです。

たとえば、地球の民が一段階であれば、同調してくる人たちは、許容範囲内である三段階が基本になっています。

今の文化では宇宙人がなかなか人類には認識できませんが、精妙な意識が人に認知されないというのは、我々の集合意識の振動数があまりにも低くて、意識が違いすぎているからです。現在の文化で、たとえば、テレポーテーションを取り上げても、そんなことは無理でしょう。科学的ではないでしょうという意識が台頭しています。

そういう意識が台頭していれば、起きるはずもありません。要するに意識が柔軟ではないことになります。我々の集合意識は、良い悪いということではないのですが、固定観念でつくられた柔軟ではない意識の世界になっています。その社会では、どうしても五次元の世界とアクセスすることが難しいのです。

しかしながら、様々な物質的成長を経験し、それにともなった健康悪化、環境破壊という今の地球を体験してきて、肉体だけが自分だという思いから、肉体だけでなく心の世界の重要性に各々が気づき始めています。これは意識の振動数が上がってきた状態であって、宇宙のエネルギーといった存在と関与しやすい状況になってきているのです。

柔軟な意識で物事を信頼する人たちは、宇宙の振動波に近い周波数をもった人であって、宇宙のエネルギーを感じることができます。

ある人は宇宙船を見た。しかし、ある人は見えないといいますが、三次元のサイエンスで賛否両論しているのも本質的には意味のないことです。

見える人と見えない人が同時に存在することもあるわけで、つまり、テレビの受信と同じで、この人は宇宙船の見える意識の周波数にチューニングしているのに、もう一人はもう少し低い周波数にチューニングしているという違いになってきます。

コップに水が半分入っていたとしたら、半分も入っていると思う意識と半分しか入っていないと思う意識があり、これは同じ現状なのにぜんぜん現実が違ってきます。半分しか入っていないと思えば少々残念になり、パワー不足になります。しかし、半分も入っていると思うと気持ちもポジティブになって、次の行動のエネルギーが増します。

このようなことで、人間の意識の振動数は一定ではなく、瞬間瞬間に変化しているのですが、その人のもっている大体の振動数が地球上の経験によってつちかわれていきます。それが地球上での人類共通のスタディであり、宇宙から見た地球という共生進化の実験センターの意味に通じてくると思います。

世界に残る超古代から存在した宇宙文明の痕跡と大麻のもつテクノロジーの関係は、地球が進化していくうえで宇宙とつながるためのパイプ役となります。

そして、世界の文明がひとつになり、世界平和が実現する時、宇宙文明の扉は開かれ、宇宙時代の幕は切って落とされることになるのです。

(1) 竹内文書　皇祖皇太神宮の神官・竹内家に代々伝わる古文書と資料の総称。宇宙創造から地球誕生、人類の創成、皇孫の系譜など壮大なスケールで展開されている歴史書。
(2) 五次元　高い次元という意味で五次元と仮につけただけで、数字には意味はありません。
(3) ラムセス二世　紀元前約一二〇〇年頃に活躍したエジプトの王様。
(4) 忌部神社　延喜式神名帳の阿波国五十座（大三座、小四十七座）の内、麻植郡にある大一座とその奥の院である吉良の忌部大神宮。祭神は天日鷲神
(5) シャンバラ　地球の内部に存在し、宇宙と直結しているといわれる高度に進化した理想的な地底王国。伝説の楽園という意味でもある。

四の章 ✡ 古代倭《やまと》のはなし

校歌に隠されていた阿波のルーツ

ここに、徳島県佐那河内村中学校校歌がありますが、これを見たときにとても驚きました。

忌部海部《あまべ》の手と手をつなぎ
南北文化の力をあつめた
血脈《けつみゃく》　この血に承《う》けて
真理を探り　平和を築き
名誉あがる　佐那河内中学校

「忌部海部の手と手をつなぎ」は、山幸彦・海幸彦のような二元性であり、それを統合しようという内容ですが、阿波の人々をそのルーツである忌部と海部に代表させて言いきる自体が阿波の歴史を知り尽くしていなければできないことで、そこの根幹を作詞者金沢治氏はさりげなく詠っていると思いました。

阿波族の忌部と海部は、「アイ」という音霊でつながります。

「ア」は源初の音ですから、麻という音とも共通してきます。そこに「イ」の音霊の忌部や伊の国が見え隠れしていて、忌部と大麻を統合するような意味の歌になっています。

河出書房新書の徳島県の歴史では、阿波の国を海部《あまべ》と空《そら》の世界と表現しています。空とは地元では山の上のことを指していて、山の上とは、山をお祭りしていた忌部氏のことです。忌部族を船に乗せて運んできたのが海部族ですから、古代に忌部海部で阿波の地に渡来して、今に伝わる血脈伝統を受けついできたのが阿波の民だといっています。

弘法大師空海が四国八十八箇所に仕掛けた風水

四国八十八箇所の寺社は、その奥社である各々の神社と対応関係にあり、神社を守護する意味と波動調整の役割を担って建てられています。

各々の神社の本体というのは建造物ではなく御神体であり、神社の裏側に位置する神奈備山のことですが、その裏山のほとんどが超古代の古墳か磐座を有した半人工的なピラミッドになっています。それらは、永い年月において自然や山と同化していて、一見して遺跡とわからないのですが、よく観察するとマヤ、インカ、エジプト、シュメールなどの遺跡と同様のものがあり、ペトログラフも多数存在しています。

弘法大師空海は剣山と石鎚山の二つを中心として、メビウスの輪状に右回りにめぐる四国八十八箇所の制定に大いに関与しました。

これら八十八箇所の寺社は、どこの寺社も剣山が見えない位置に建てられています。しかし、

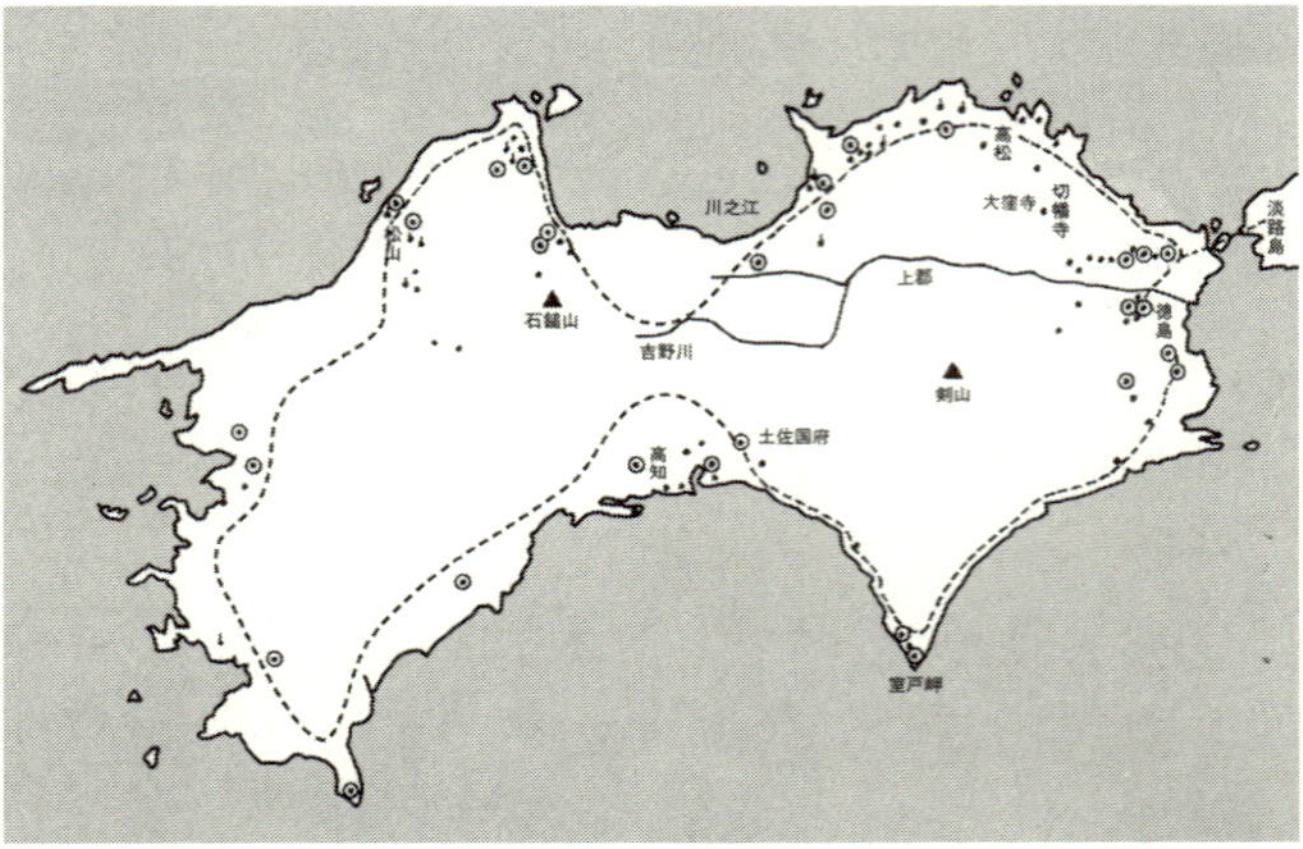

メビウスの形状に配置されている四国八十八箇所
（徳間書店：天皇家の大秘密政策　大杉博著　参考）

神社の後ろの神奈備山にある祭祀場遺跡のほとんどが剣山方向が見える位置に造られているのです。

阿波を中心に調査してみましたが、ほとんど、そのような関係になっていることから、寺社は象徴的な役割もあり、その奥に控えている循環型調和社会の証である超古代の磐座遺跡（本質エネルギー）を守るために意図的に配置されたものだとわかってきました。

空海が八十八箇所に仕掛けた風水というのは、簡単にいえば本物には手を加えず、あるがままを守るという方法でした。立派な寺社を建て、そこに注意を向けさせることで、本物でないものに労力と資金をかけて、本物を守るという巧妙なトリックを仕掛けたのです。

空海は八〇四年、三十一歳のときに遣唐使

一行に随行して入唐しました。長安に渡り、恵果法師に師事して僅か半年で密教の秘法をすべて伝授されましたが、それというのも空海がすでにインベの呪術にも精通していたので、密教を直ぐに理解できたからだと思われます。

その後も空海は様々な修行を行い、宇宙の真理を深めていきました。阿波の大滝嶽や土佐の室戸岬で大修行を行いましたが、そのとき、口から金星が飛び込んで光明を得たという逸話が伝えられています。光明（エンライトメント）に到った空海は金星と一体となり、自分の故郷を思いだしたのです。

したがって、空海は金星人であったと想像することができます。

桓武天皇がひそかに空海に託した密命が、四国八十八箇所を制定して、超古代の日本の歴史を封印することでした。これも天武天皇以来続いてきた壮大な封印計画の仕上げでもありました。八十八は無事に完了させるという数霊《かずたま》ですが、空海は神域を封印するためにお寺を利用したのですから、空海の真言宗は、実は神言宗であったかと思えます。

空海の生涯は輝いていましたが、とりわけ高野山の開創という一大事業によって、空海の四国八十八箇所の印象をさらにぼかしてしまったのもまた、空海の仕掛けた二重三重のトリックでした。しかし、空海最大の功績は、四国に根づいていた超古代文化の痕跡を守護するために封印したことであって、それを裏づける言葉も残っているのです。

狐の帰る国の謎

徳島市八多町の旧家に住む板東一男氏をはじめ古老たちに継承される阿波の古い伝承には、「鉄の橋で本土と阿波が続いたら本土を化かした狐たちが帰ってくる」と空海が予言したとあります。そして、「このことは、周りに言ってはならない」と言われてきたものでした。四国には今、三本の鉄の橋がかかりました。狐たちとは誰なのでしょうか。

狐たちが日本中を化かしていたならば、狐たちが四国に帰った今、いろいろと正体が明かされてくるということなのでしょうか。

罪穢れを祓う大麻の繊維は黄金色、狐色に光り輝く大麻の封印が解けることかもしれません。あるいは、狐が自在に変化《へんげ》したり、ものを変化《へんげ》させてしまうといわれているように、超古代にとんでもない能力を駆使した人たちが、この時代に戻ってくるということなのでしょうか。

日本には京都の伏見稲荷神社を筆頭に各地の稲荷神社で狐たちが祭られています。稲荷は、古くは養蚕を司る神として、絹織物を専業とした秦《はた》氏と深くつながっていました。絹織物は大嘗祭では繪服《にぎたえ》として、大麻の麁服《あらたえ》とともに重要な二元性の役割を担っています。

これは忌部氏と秦氏の二元性でもあります。

技術者集団・秦一族

秦《はた》氏は超技術者集団でユダヤ人景教徒ともいわれていて、日本には何回も大挙して渡来したと伝えられています。

たとえば、秦《しん》の始皇帝に不老長寿の薬を探すように命じられた徐福は、「蓬莱山に不老長寿の薬があり、それを手に入れるために船団を賜わりたい」と申し出て、数千人の若い男女を乗せた大船団を組んで紀元前二世紀頃、伊予（イヨ）にたどり着いたものと思われます。

徐福らが渡来する五百年ほど前に、ウガヤフキアエズ朝が終わっていますが、そのウガヤフキアエズ朝には、スメラミコトが不老にして長寿であった歴史が阿波には存在していました。徐福は、それを伝え聞いたものと思われます。徐福が目指してきた蓬莱山は阿波の高越山との説もあります。

徐福らが渡来してまもなく、秦の始皇帝は病没し、帰る意味もなくなりました。秦一族には機織《はたおり》の技術者が多かったので、そのままハタという名で住み着きました。愛媛県には秦姓の人が多く播多《はた》郡という地名もあります。

誉田《ほむた》の大君（応神天皇）の時代、秦《しん》の始皇帝を先祖にもつ弓月国《くんゆえ》の王、弓月君《ゆづきのきみ》（融通王）が、一万八千以上の民を率いて任那を経由し、倭《やまと》に渡来してきました。（三七二年頃）。この時代、豊かな倭に多くの人々が半島から流入してきましたが、新羅国は倭に向かおうとする人たちを妨害していました。

弓月君らも新羅国に妨害され拘束されていましたが、三韓ににらみを利かす武内宿禰《たけしうちのすくね》の一門が新羅国の妨害を阻止し、弓月君らの渡来を手助けしました。

弓月君はシルクロードを経由して持参した、金銀織物など莫大な宝物を倭朝廷に献上して帰化し、秦氏の名を与えられました。香川県の大麻山の裾野に鎮座する讃岐の金毘羅神宮は、もとは秦宮《はたみや》といい秦《はた》氏が創建した神社です。

仁徳天皇の御陵

大鷦鷯《おおささぎ》の大君《おおきみ》（十六代仁徳天皇）が難波の高津の地に遷都したのは、四一〇年頃とされています。仁徳天皇の御陵は、長さ四百二十五メートルの前方後円墳で、地表の大きさだけを比べれば秦の始皇帝陵の三百四十メートルよりもはるかに大きいのです。

御陵の大きさからいうと次が誉田別《ほむたわけ》の大君（応神天皇）陵の四百十八メートル。そして、仁徳天皇の長男にあたる去来穂別《いさほわけ》の大君（履中天皇）陵で三百六十五メートルとなっていて、この三つとも淡路島にも近い大阪堺市周辺に存在しています。

大鷦鷯《おおささぎ》の大君は、三年間無税無役といった英断をされ、自らは質素な茅葺の宮に住まわれるなど徳政で知られた大君ですが、それなのになぜ世界最大の墳墓を造ったのかという疑問が生

鳴門市大麻町にある近畿の古墳文化のルーツとなる積石塚古墳

じます。

実は、これらの御陵は、第四十代大海人《おおあま》の大君（天武天皇）の以後に造られたと考えることで理にかなってきます。天武天皇の日本歴史の封印計画によって、それ以前の主な御陵を難波や大和にも造っていますが、これも中途半端ではなく阿波にあった古墳よりも、ずっと大きくしています。そこに労力と資金を投入しました。

秦の始皇帝の御陵よりも大きい物を目立つ場所にこしらえたことで、もしも、唐が日本に攻めこんできたとしても、その眼くらましの効果は大きく、阿波倭には絶対に目を向けないし、奈良大和が本物であるという認識を間違いなくすると思います。

朝廷がこれほど財源を投入してまでも隠そ

うとしたものが、古代倭にあったということなのです。唐によって、阿波の封印が明かされたならば、財源どころではなくなるかもしれません。

古代倭の地は世界がひとつであったときのセンターであり、その痕跡が不調和な影響をうけてしまう恐れもあります。そこまで考えていくとすべて辻褄が合ってくるのです。

平成十二年四月に徳島県埋蔵文化財センターは、鳴門市大麻町の西山谷二号墳が三世紀半ばに築造された国内最古級の古墳であり、近畿の古墳のルーツとなりうるものと発表しています。そして、同センターは、「各地の初期の前方後円墳と比べ、遜色ない埋蔵施設と副葬品で被葬者は阿波と畿内瀬戸内海を結ぶ水上交通権を掌握していた首長と考えられる」とコメントしています。

天武天皇の決断

六七九年に大海人《おおあま》の大君（天武天皇）は、六人の皇子を集めて秘密政策を申しきかせています。これを吉野宮の会盟といいますが、このときの大君は、「今日、汝らとともに庭に盟いて、千歳の後に事無からんことを欲するが、いかに思うか」と決意を述べています。

これをその言葉どおりにうけとめれば、「千年後にも日本が安泰であるような政策をとろうと思うが依存があるか」ということになりますから、その後の政策や歴史も読めてくるのです。

天武天皇が打った政策とはなにか。それは、もう少し後で明らかにしていくこととして、この時代は、矢継ぎ早に遷都が行われていますが、天智天皇、天武天皇のあたりで、四国から遷都したのではないかと思われます。その時期の候補として、

●大化の改新の頃。（六四五年）
●中大兄《なかのおおえ》の大君（天智天皇）が近江大津宮に遷都したとされる頃。（六六七年）
●壬申の乱の後、天武天皇が明日香に遷都したとされる頃。（六七二年）
●吉野宮の会盟によって、遷都を決断した頃。（六七九年）
●持統天皇が藤原京に遷都したとされる頃。（六九四年）
（慶雲四年・元明天皇の御代、遷都に関する論議）

などがあり、いつの頃かを特定することは、これからの研究課題ですが、いずれにしろこの頃に四国の倭が奈良の大和に遷都したことは間違いないようです。

その後、文武天皇により大宝律令が制定され（七〇一年）、元明天皇の即位の年、平城京へ遷都しました（七一〇年）。恒武天皇は、長岡京に遷都しました（七四八年）。

このように、何回も遷都を繰り返した末に、恒武天皇は平安京（京都）に再度遷都して政治の中心を奈良から京都の平安京に移しました。この平安京の造成に活躍したのも秦一族でした。

秦氏の首長秦河勝は、財力と技術の粋をこらして平安京を造営しました。

秦氏は養蚕、絹織物の技術に優れていました。太秦《うずまさ》にある秦氏の神社「蚕の社」は、それにちなんでいます。朝廷は中国から何回も渡来してきた秦一族が、中国に情報を流す可能性を危惧して懐柔策で優遇した様子があります。秦氏は朝廷に従順を誓い伏見稲荷などの神社を建立したと考えられますが、稲荷の狐は何を語っているのでしょうか。

朝廷は大国となった唐の勢力を非常に恐れていました。阿波に存在する本質エネルギーと根源的証拠を封印しなければ、唐の皇帝の怒りを買い、攻め込まれるかもしれないと判断したのです。

朝廷が古代倭の国を封印してまで隠したかったもの、それは古代倭のルーツであるウガヤフキアエズ朝の貴重な歴史とスメラミコトの秘密でした。そのことを前提にして歴史を見たときに初めていろいろなことが見えてきます。

神功皇后（息長帯比売命《おきながたらひめのみこと》）の時代に、高句麗、新羅の勢力を恐れた百済が倭に助けを求めたことに応じて、当時同盟国であった百済の危急を救おうと倭軍は新羅に攻め込みました。阿波の勝占町は神功皇后が新羅征伐の勝ち負けを占ったことにちなんだといいます。

神功皇后の子、応神天皇の時代には倭軍と高句麗軍とが戦闘しました。そのときの様子は、高句麗の広開土王の石碑に刻まれています。それによると、西暦三九一年に倭軍が朝鮮半島に攻め入り、百済、新羅が倭側に付いたこと。四〇四年には、平壌に迫って大激戦を行ったことなどが彫られています。

それから、二百数十年の後、西暦六六三年の白村江《はくすきのえ》の戦いで、倭・百済連合軍が唐・新羅連合軍に敗れたことで、四世紀以降続いていた倭の朝鮮半島に対しての軍事的優位が崩れました。それまで倭は、百済・新羅・高句麗の三韓からみても大国で貢物の献上もありました。しかし、隋に代わって中国を統一した唐は勢力隆々たる大国になり、その武力に物をいわせ蘇定方《そていほう》を大将軍にし、十数万の大軍を発して、百済へ攻め込んできました。

この唐・新羅の大連合軍に敗れたことで、初めて唐の倭への侵攻が懸念される事態となったのです。そこで、天智天皇は九州に国境防備の防人を置き、各地に城を築き唐の進入に備えました。天皇家は、唐を恐れてどのようにして倭を守るかという対策をいろいろと講じました。遣唐使を送り、恭順な態度を示すこともしました。

振り返って、六〇三年に聖徳太子が遣隋使に持たせた親書の書き出し、「日出る処の天子、書を日没する処の天子に致る。恙なきや」が隋の煬帝を怒らせました。あの過ちは二度と繰り返してはならないほど唐は大国となっていました。

倭が滅亡しないために考慮した方針とは、唐を刺激し関心を向けさせるような痕跡を消し去ることでした。

四世紀、神功皇后、応神天皇の信任のもと、武内宿禰とその一族が百済や任那を統治して活躍していた時代の政治の中心は倭《やまと》であり、それは阿波にありました。

アワは、ウガヤフキアエズ朝の時代から万世一系のスメラミコトが世界を統治していた場所でもありました。しかし、世界を統一していた痕跡などは、うわさにさえ上ってはならないことでした。唐を欺くために採られた方法は、これから述べていくように驚く程周到であり、緻密な方法でした。

邪馬臺国の卑弥呼は倭国の日神子《ひみこ》

国民の歴史(1)の「魏志倭人伝は歴史資料に値しない」の章のなかで、「文部省が小学校指導要領中で、生徒が覚えるべき人名に卑弥呼を上げているのは不見識である、戦後の古代史資料のなかで、魏志倭人伝が絶対視されてきたことは、多くの人にとっても、まったく不思議であり、日本の古代を未開の国だと文部省が決めつけているとしか思えない」と著者の義憤が文章に表われています。

「魏書のあれは、歴史資料ではない。不正確な距離推定や地形描写など、影か幻のように人のうごめきがつづられているだけであり、まさに廃墟である」と決めつけている不本意な気持ちには同意できますが、その魏書に偽りの情報を流したのも倭朝廷の国策だったのです。

奈良の大和神社のルーツといわれる武内社「倭大国魂神社」

しかし、本の中に、「邪馬臺国の卑弥呼は倭国《やまとこく》の日御子《ひのみこ》であると最初に言い出したのは新井白石であり、白石は卑弥呼を天皇の意味に解している」と書いてありました。

この瞬間に、これは的を射ていると感じました。新井白石は江戸中期の儒学者で幕府儒官として幕政にも関与していて、「古史通」「西洋の紀聞」他数多くの著作があります。

そのヒミコとは、ヒツグとミツグの子という意味であり、阿波ではイザナギノミコトとイザナミノミコトの子であるアマテラスと同一視された、ヒ（火）とミ（水）の子、つまり神の巫女であります。

そして、邪馬臺国はヤマトと読め、ヤマトの国とは阿波のことです。

邪馬臺国の比定地論争はバラエティに富ん

でいますが、邪馬臺国を四国阿波としたときにすべて辻褄が合ってくるのです。

奈良には「大和坐大国魂神社」（大和神社）があり、大国魂（国土を経営した神様）を祭神としていますが、阿波には、延喜式内社「倭大国魂神社」があります。

このように四国にあるヤマトの地名は「倭」と書きます。そして、奈良に建てたヤマトの地は「大和」と書きます。奈良は習《なら》のことであり、倭に習い、倭に並ぶという意味ではないでしょうか。

仁徳天皇高台に登りて

仁徳天皇は夕飯時に高台にのぼり、「どこにも飯を炊く煙が見えないけれども、民衆《おおみたから》の暮らし向きはどうだ」と平郡木菟《へぐりのつく》に問われました。

「皆大変なようです」と答えると、「それでは、向こう三年の間、すべての課税と兵役をとりやめるとしよう。内政に力を入れ、民を富ますことだ」と天皇は答えられました。

それから三年後、再び高台に登られた仁徳天皇は、その時の情景を見て得意満面に和歌を詠まれています。「高き屋に登りて見れば煙立つ　民のかまどは　にぎわいにけり」と。

仁徳天皇の重臣平郡木菟《へぐりのつく》の父は武内宿禰《たけしうちのすくね》です。武内宿禰は第十二代景行天皇のときに「棟梁之臣」という臣下第一の地位について以来、国家の重鎮として六代の朝廷（ミカド）に二百四十四年間仕えました。

神功皇后の時代にも新羅征討や忍熊皇子《おしくまのみこ》の鎮圧など常に国政を支えてきました。この数世紀に活躍した将軍は、武内宿禰とその一族でした。

武内宿禰は第八代孝元天皇と伊迦賀色許売《いかがしこめ》との間に生まれた彦太忍信命《ひこふとおしのまのみこと》の子であり、武内宿禰の次男は蘇我石川宿禰であり、蘇我入鹿に連なる蘇我一族として歴代天皇家に深く関わっています。その武内宿禰の一族が表した「竹内文書」の歴史が日本の超古代の歴史であったという前提にたってみていくといろいろなところで真実がつながってきます。

武内宿禰は、平安時代の史書「扶桑略記」によると二百八十二歳まで生きたとありますが、竹内文書には、武内一族が代々長寿を保つことができた秘法なども伝えられています。竹内文書は、今の文化では理解できない個所が多々ありますが、この理解できないということが、実は真実を伝えている可能性があるという理解に達することにもなるのです。

仁徳天皇望郷の歌

淡路島という地名は、アワに至る道の島と解釈できますが、これは古代にアワが注目されていたということです。

仁徳天皇が淡路島の輸鶴羽山《ゆつるはやま》に登られて、倭《やまと》を眺めて詠まれた歌があります。

淡路島に坐して、遙《はるばる》に望《みさ》けてという題がついていて、「おしてるや　難波の崎よ　出で立ちて　わが国見れば　淡島《あわしま》　オノコロ島　アジマサの島も見ゆ　さけつ島見ゆ」

輪鶴羽山に登って、わが国の方向を望むと四つの島が見えると詠っただけの素朴な歌詞ですが、仁徳天皇の時代には倭が四国にあったことがわかります。

淡島は徳島県阿南市桑野川の沖合にあり、島には淡島神社があります。

オノコロ島は淡路島の南方四・五キロメートルに浮かぶ「沼島」のことで、島にはオノコロ神社が鎮座しています。

古代において、沼島は海洋民族の根拠地として、四国と畿内を結ぶ交通の要所でした。

アジマサとは、亜熱帯植物のことで、阿南市橘湾に浮かぶ弁天島には、県の天然記念物に指定されている檳榔《あぢまさ》（アコウ）他数十種の亜熱帯植物が自生しています。

さけつ島とは、裂けた島の意味と推測すれば、阿南市蒲生田岬沖合に浮かぶ伊島が三つに裂けて見えます。

オノコロ島は、古事記の国生み神話によると、日本の島々を生んだ、イザナミ・イザナギの神が国生みの前にアメノウキハシに立たれ、天の沼矛を下ろしてかき回したときに、矛の先から滴り落ちる塩水が積もってできたとされています。

そのイザナギ神とイザナミ神を祭神とした「天椅立神社」が阿波の三好町にあります。

イザナギ神とイザナミ神の伝説が残る「天椅立神社」

国生み神話で四国のことを伊予之二名《いよのふたな》の嶋といったのは、古事記以前に四国の東半分を伊の国、西半分を予の国といった歴史があったことを示しています。愛媛を伊予の国と呼びますが、四国の西側では、伊は使わずに予を使っています。天気予報でも東予、中予、南予といい、ＪＲでも予讃線、予土線といっています。

それに対して東側が伊の国（インベの国）ですから、それを示すかのように、猪の鼻という地名が三ヶ所もあります。猪の鼻は伊の国の端という意味です。伊の国の中心部には猪の頭という地名があります。そのほか井の尻や祖谷《いや》や伊島などイのつく地名がたくさんあります。そして、伊の国の海岸部を出雲といいました。また、イの国の面《おも》を縮めてイツ面《おも》とも呼んでいました。

古事記では、黄泉国の物語りで突然に出雲の国が出てきますが、この重要な国を、なぜ国生みで生んでいないのでしょうか。それは、出雲は阿波にあったから出雲の国を生んだと書く必要がなかったからでした。四国には、出雲と呼ぶ地もあり、出雲に住んだ人が出雲族ですが、阿波の出雲族ということで阿曇族とも呼ばれました。長野県の安曇郡や滋賀県にも安曇という地があり、アズミの語源はアワ族が住んだところという意味でもあります。

記紀神話に登場する地名や神々は、ことごとく四国に存在しています。四国にあった地名や由来を奈良や九州をはじめ各地に転写するという封印の仕方は、まさに絶妙です。

当時あらゆる階層で七五調の歌が詠まれました。その歌からも倭が四国にあったと気づかれる恐れがあって、これを巧妙に隠すために大伴家持らによって編纂されたのが万葉集でした。これは、四国が明らかに聖地とわかる歌をはずすことで、わかりやすくいえば、危険な歌をはずして朝廷公認の歌を浸透させるためにとられた方針でした。

阿部仲麻呂望郷の歌

それでも四国が倭であったと知って読むと理解できる多くの歌が存在しています。

「あまのはら　ふりさけみれば　かすがなる　みかさのやまに　いでしつきかも」

天ノ原にある元伊勢神社のドルメン遺跡

これは阿部仲麻呂の歌ですが、誰もが奈良の都の情景を歌ったものと思ってしまいます。しかし、これは四国の情景を偲んで歌ったものでした。

徳島市入田町天ノ原には、伊勢神社が鎮座していて、元伊勢神宮の原型といわれています。この伊勢神社の境内にあるドルメンが太古の歴史を物語っています。

天ノ原の北側には春日という地名があります。神社裏の三笠山に登って、月明かりに照らされて見える部落を月の宮といいました。

神社上流の神山町には阿部の姓が多く、「上一ノ宮大粟神社」の神官は阿部氏でした。「これは、阿部仲麻呂の望郷の歌で、この地を詠ったものです」と戦前まで地元の学校で教えていたということです。

古事記・日本書紀の編纂の本当の目的とは

六八一年に天武天皇は、帝紀と旧辞の撰録を開始していますが、これは古事記や日本書紀のもとになったものです。日本書紀の編纂は、中臣大嶋《なかとみのおおしま》らを詔して始まったのですが、編纂に四十年もかかり舎人親王《とねりしんのう》から奏上されたのが七二〇年でした。

日本書紀や古事記が編纂された目的は、従来の日本史の改竄にあったということが定説になっています。そして、その記述を裏づけするように、各地の実力者に風土記を作らせています。そのあと、風土記を作っていた人に対して位を上げていますが、どうしてそこまでする必要があったのでしょうか。それは、古代倭の歴史である阿波の古代史に注意を向けられないような巧妙な仕掛けなのです。

古代のアワには、神代の貴重な歴史の根拠となる天体祭祀文化のルーツといえる磐座の原型や古代文字の古文書などがあり、これらの知恵とスメラミコトの歴史を守るために、朝廷みずからが古代倭の歴史を意図的に封印したのです。

聖徳太子が編纂した歴史書の運命

日本書紀や古事記よりも半世紀も前に、蘇我馬子や聖徳太子らが諸家に伝わる古い記録を提出させ、これをもとに「天皇紀、国紀」が編纂されていました。

しかし、中大兄皇子（天智天皇）を中心に、中臣鎌足らが蘇我入鹿《そがのいるか》、蘇我蝦夷《えみし》らを誅した大化の改新が起こり、このときに諸家から集めた膨大な量の資料とともに聖徳太子らが編纂していた書も焼かれてしまいました。

禁断の書「先代旧事本紀大成経」
（日本文芸社：日本超古代文明のすべてより）

ところが、聖徳太子は、編纂した書が遠からず隠滅されてしまうことを予感していて、推古天皇に奏上して保護を頼み、その翌年に没していたのでした。

推古天皇は、いくつかの神社、寺社にこれらの書を秘匿し、そして、このまま一千年余を経過した一六七六年、聖徳太子が編纂した国紀が、「先代旧事本紀大成経」として出版されたのです。江戸時代になって突如として現われたのですが、一六八一年にこの先代旧事本紀大成経は世を乱すものとして、江戸幕府により禁書となり、絶版、破却になってしまいました。先代旧事本紀大成経は、一言でいえば古事記や日本書紀のようなものです。

しかし、蘇我馬子が選述したという先代旧事本紀（旧事紀）が書名も酷似しているように共通性があるようです。

先代旧事本紀大成経が世を欺くものとして、禁書にされた原因の一つは、やはり、これが広まっていくことで、日本書紀や古事記そのもの真実性が問われること、それによって、でき上がった氏家体制も寺社の格式体制も大きく違ったものになりかねない事態が懸念されたからでした。つまり、聖徳太子が編纂した書と天武天皇の編纂した書とは、まったく違った内容であることが明らかなのです。

阿波の大狐

六〇〇年頃から八〇〇年頃までの間に神社が常設されたのは、天智天皇の制定した近江令（六七〇年）によります。

●およそ、天社・地社は、神官みな常典に依って祭ること。

●天社・地社と分けて神社を常設すること。

●神社で祭る祭神を定めること。
●祭祀者（神官）を置き、祭の方法、日程などを決めること。
といった制度ができあがりました。

このため各地に多数の神社が建てられるようになり、神社の格式も決められました。そして、この後、磐座での祭祀は衰退していったのです。

この時期、磐座文化のルーツである四国も封印されました。まるで狐に化かされるように。「四国は狸が化かし、本土は狐がだます」と四国では昔からいい伝えられていて、狸にまつわる話は四国中いたるところにあり、狐に関する話は本土に散在しています。本土に散在する稲荷神社は空海が勧請し、咜枳尼天《だきにてん》を本尊としています。咜枳尼天《だきにてん》の御神体は白狐です。空海が予言した「鉄の橋で、本土と阿波が続いたら本土を化かした狐が帰ってくる」という意味は、稲荷の狐とも関係あるのでしょうか。

稲荷神社の荷の字は、「の」という意味ですから、稲荷神社は「いの神社」となります。

阿波は古代には、「いの国」と呼ばれていたことから、倭国も「いのくに」と読むのが正しく、いの神社、すなわち阿波の神社の神様である白狐が本土の各地にお出座になられて本土を化かしたということなのでしょうか。

古事記の国生み物語で、阿波をオオゲツヒメといい、本土をアメノミソラ　トヨアキツネワケといっています。ネワケとは、オオゲツのネを分けた国ということになります。オオゲツのネというのは大狐と読め、トヨアキツネワケは狐分けとも読むことができます。

このようなわけで、古事記の時代から本土に分けて本土を化かした子狐が鉄の橋を渡って、大狐のもとに帰り着くとき、日本の真の歴史が解明されるということではないでしょうか。

古代文字に隠されている真実

楢崎皐月氏が中国で出会った老子経道士・蘆有三《らうさん》は、老子経の古伝をあかして、「上古代の日本の地には、アシア族という高度の文明をもつ種族が存在していて、八鏡文字を作り、特殊の鉄をはじめ、さまざまな生活技法を開発していたこと、そして後代の中国の哲学、医薬、易、漢方などは、その流れの中に展開したものだ」と語りました。

このアシア族とは、言葉のごとくアジア民族のルーツであったのかもしれません。

楢崎皐月氏が金鳥山で、「父はカタカムナ神社の宮司で自分は平十字《ひらとうじ》」と名乗る人物にカタカムナ文字を見せられたとき、これが八鏡文字だと直感し、それを写しとらせてもらい、後に解読に成功したのですが、カタカムナ文字がカタカナのルーツであるとするならば、ひらがなのルーツはアヒルクサ文字であったと感じます。

カタカムナ文字が物の理を弁じ、物事の仕組み仕掛けを知り、天地や万物の成り立ちや経過を明らかにすることができる文字なのに対して、アヒルクサ文字は、言霊のエネルギーをそのまま形に表したような波動合わせ文字であります。

このような古代文字は、アートコミニュケーションであり、相手のスピリットに直接入っていくことで、ハートに働きかけ、誤解が生じ難い文字ではなかったかと思うのです。つまり、古代文字の伝達能力は非常にすぐれているということです。

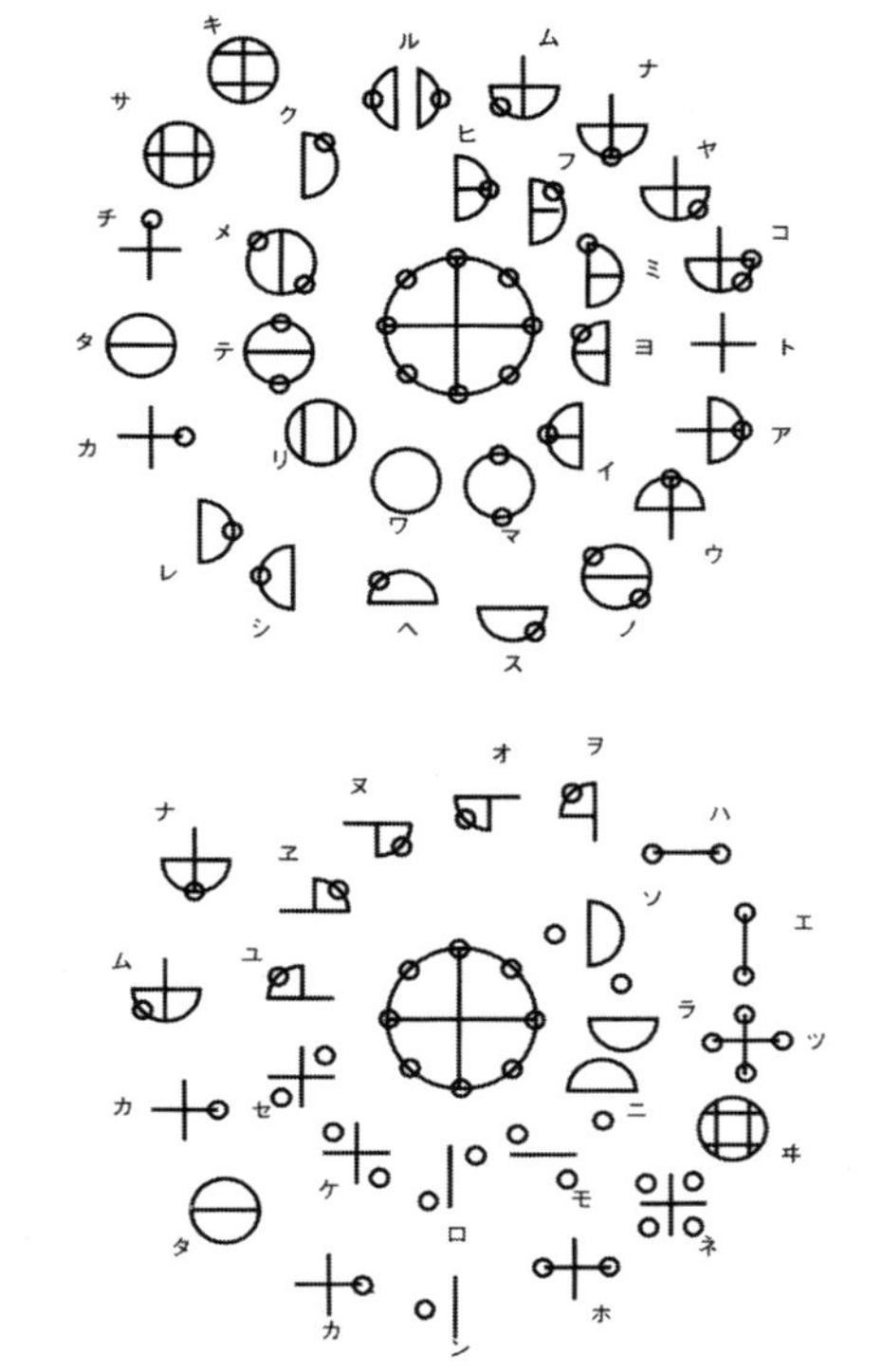

宇宙のヒビキを伝えるカタカムナ文字
（「相似象」より）

今の漢字は、誤解が生じる可能性があります。どうしても、言葉で補う必要性が出てきます。昔は言霊と型霊、つまり、音と文字が一体化していたので、アヒルクサ文字のようなエネルギー的な流れを見るだけで、わかる人には、そのときの情勢及び環境や叡智が垣間見ることができて、どんなエネルギーの下で書かれたものかも理解できたのではないでしょうか。ですから、神代文字自体も、なおさら隠す必要があったと思います。

宇宙的な見方をしますと、二元性を統合する流れの中で、昼あっての夜、闇あっての光ですから、耐えがたい闇までも味わう必要性はありませんが、闇自体を味わうことは光を理解することにつながります。

それは、マヤの暦でいう二千六百年周期の中で千三百年の闇の時代と千三百年の光の時代と交互にして、学びの場をつくるという宇宙的な流れと同期して、千三百年前に起こった封印政策の数々は人智をはるかに超えて、天に動かされていたとさえ思えてきます。

秘密隠しに貢献した天智天皇、天武天皇という千三百年程前の天皇の名前に偶然にしろ、天という文字がついているのは、「天のはからいごと」であったということを暗に示唆している気がするのです。

この時代、物部氏が衰退したのも、時代の流れとともに、役割を終えて世代交代したということなのでしょう。物部氏は語り部として、各地の風土記や物語の中にエネルギーを内在するような表現で、後世に語りつぐ役割でした。

したがって、物部氏は、それらを古文書の中に、あるいは物部氏を先祖にもつ人たちは綿々と伝承されてきた昔話や歌、風土記という形で残してくれていたのでしょう。

太古からの本質的な伝承は、いっさい文献には残さず、口伝で継承されてきました。そして、宇宙最高の教えは、物としての経典ではなく、「生きた経典」として、我々の遺伝子の中に生きています。その生きた遺伝子情報を人類が共有することで、宇宙創造以来続く、生命の究極真理があらわれるのです。

日本には、紀元節という暦があり、西暦二〇〇〇年が紀元二六六〇年に相当します。千三百年の光と闇のサイクルである二千六百年というこの時期にあたり、なぜ人間がこの地球上に存在しているのか、人間はどのような役割をもって、これからの未来どのように生きていく必要性があるのか、そして、人類はどこに向かおうとしているのかということを思い出す時期にきていると思います。

古代倭の歴史の封印は、これからの社会に必要な本質的ヒントを後世の我々に精妙な形で残してくれた先人たちの地球的配慮であると考えます。

神代文字といわれる古代文字は、本質的歴史を物語っており、封印を解くカギであります。

そして、まさに今、その封印を解きに本物を化かしたキツネたちがかえってくるのです。

(1)　国民の歴史　西尾幹二　産経出版社

五の章 ✡ 未来文化と大麻のはなし

大麻とイヤシロチ化

大麻が一本生えていることで、その周囲の磁場がイヤシロチ化する可能性があります。

「イヤシロチ」と「ケガレチ」という言葉は、天才科学者、楢崎皐月氏[(1)]が日本中を歩いて回り、大地の表面電位を測定することで、その土地の状態を、このような言葉で言い表したのが最初でした。

イヤシロチの場合には、そこに存在している人や生物は、電子（マイナスイオン）を供給されて、酸化還元率も高くなり、生き生きと活性化してきます。

これとは逆にケガレチの場合には、そこに存在している生物は、空間へ電子が奪い取られて元気をなくしていきます。また、イヤシロチに存在するものを見たときに、多くの人が美しいと感じるので美感電圧地点とも呼んでいます。

「感覚が鋭かった古代人は、気持の良いイヤシロチを選んで住みつき、その住居周辺の作物の良くできる土地を耕して生活し、気分の悪くなるケガレチは放置されていたに違いない」と楢崎皐月氏は言っています。

楢崎皐月氏は、ケガレチをイヤシロチに変換することができる炭素埋没法を考案しました。

これは、直径一メートル、深さ一メートルの穴を掘り、三十センチの厚さに炭を入れたあと、

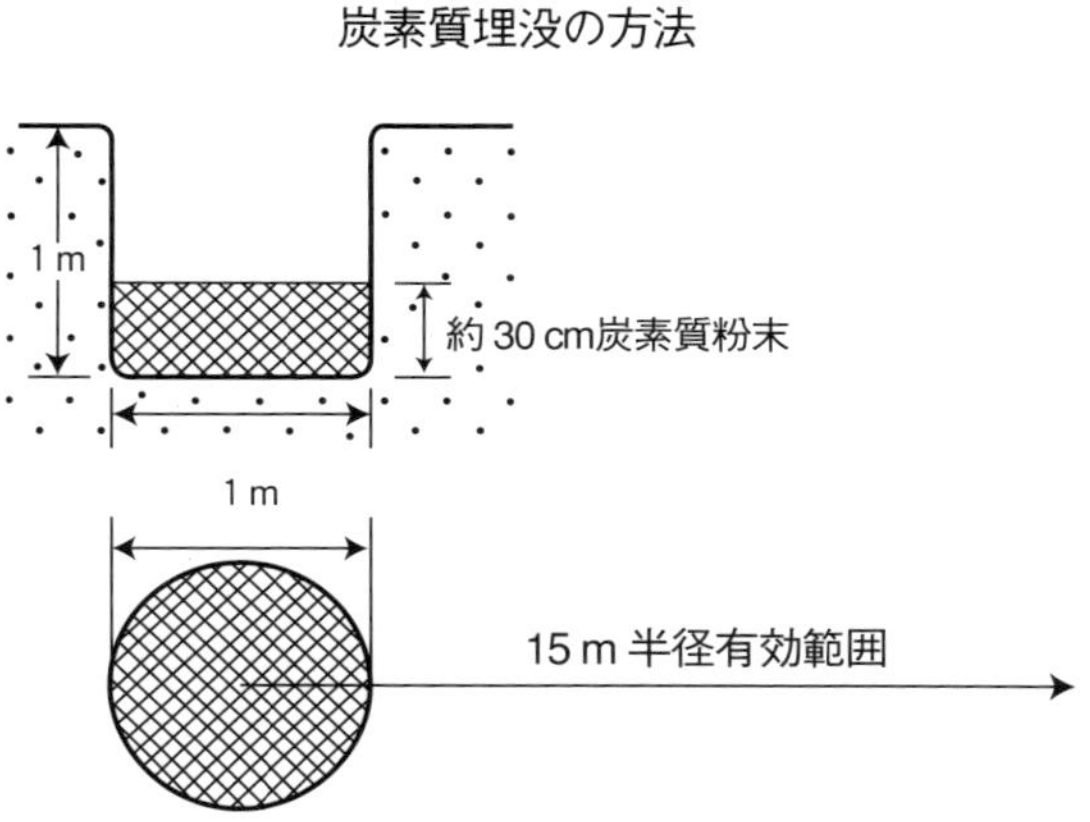

カタカムナ文化から伝わる炭素埋没法
（『相似象』宇野多美恵著より）

掘った土で埋め戻しを行う方法で、これによって、直径約三十メートルの範囲でケガレチがイヤシロチに変わることを何百例というデータをとって確認しています。

そのデータを見ると、ケガレチに住む家族は病人が絶えず、農作物の育ちが悪かったその場所をイヤシロチ化することで、人は病気にかかりにくくなり、作物は良いものが収穫できるようになっていきます。

これと同じ効果が大麻が一本生えていることでえられる可能性があります。大麻の周りの空間がイヤシロチ化するのです。

大麻は今までみてきたように、罪穢れを祓い清め、独自の磁場を形成し、その場所の生態系を蘇生化及び活性化していきますが、楢崎皐月氏も植えてある木によって付近のイオンの比率が変ることを調査しています。

それによると、松、竹、梅などの周りはマイナスイオンの濃度が高くなるのに対して、ザクロ、イチジク、ビワなどの周囲はプラスイオン濃度が高くなることで昔から庭に植えてはならない木として言い伝えがあったのも単なる迷信ではなかったと言っています。

また、大麻繊維は静電気が起きないことからもいえるように、電磁的にも特殊な性質を備えているようですし、大麻の茎からつくられた麻炭は、マイナスイオン効果も高く粒子が細かいことから、あらゆる応用が可能なハイレベルの素材です。

大麻の免疫力

薬草やハーブ類の中には、防虫効果があるものもたくさんあり、それらを畑の中に栽培することで害虫駆除になりますが、大麻にも防虫効果や抗菌作用があります。本来、虫は弱っている葉や人間の体内に取り入れる必要のないものを食べてくれる存在なので人間とは共生関係になっています。

したがって、本質的には害虫というものは存在しないのですが、現在の石油依存型の文化という価値体系の中で、農薬や化学肥料を大量に使ってきたために虫たちが本来の状態からシフトして、害虫としても存在するようになってしまいました。それはあたかも人間が害虫をなく麻の繊維質を試薬液で抽出し、大腸菌に対する抗菌力をテストしました。
それによると麻の繊維質の抽出成分が大腸菌を減少させることがわかり（下表参照）、
完全殺菌も可能なことから麻布には高い抗菌作用があることが証明されたといえます。

	アルコール含有量	麻オガラ抽出成分含有量	大腸菌減少率
1	1.3%	0.12%	83%
2	2%	0.12%	81%
3	2%	0.06%	70%
4	0.7%	0.06%	58%

大麻繊維質の持つ抗菌力のデータ

そうと害虫の存在にこだわりすぎたために抵抗力がついた害虫を現象化させてしまったということかもしれません。

大麻は害虫を駆除するというよりも、そのような虫に対しても自然治癒力を発揮させ、本来の虫の状態に戻す効果があります。大麻に害虫がつきにくいのは一言でいえば元気があるからで、大麻は百日で三メートルにも育つほど成長がはやく生命力に溢れています。虫も本来は、弱っている植物を食べるので、このように元気な植物は、そもそも害虫の対象にはなりません。そして、植物学的にいっても成長のはやい植物は害虫などに負けないような特性をもともと備えているのです。

自然の植物である大麻が封印されて、本来の生態系ネットワークから外れてしまっているために、生態系の一部分が遮断された状態で循環呼吸できなくなると環境のバランスにも影響を及ぼしてきます。

昔は農薬などを使用しないでも作物は収穫できたという

ことを人々は忘れています。天然循環資源である大麻が、再び世界で生かされるようになれば、生態系の回復にも貢献して、食物連鎖も本来の循環状態に修復されていくことでしょう。

循環植物の神秘

石油資源を中心に社会を発展させてきた集合意識の中で物質的な文化を発達させて、大麻という無尽蔵なエネルギーを封印するということは、地球の自然な循環機能を破壊する活動であり、人間のアサハカ（麻破壊）な意識の産物だといえます。

地球の貴重な生命である大麻を人間が一方的に封印するのは、エゴ意識から発生する恐怖心が原因で、スピリット不在の行為といえます。そのような意識の世界では、大麻のもつ本質的なエネルギーは理解できないし、活用もできないから封印されているのも地球的配慮であり、現実世界での自由と平和の象徴としての役割を担っているのでしょう。

したがって、私たちの文化の振動波が調和的になれば、その振動数に応じて各々が大麻の有用性に自然に気づき、私たちが今までまったく考えつかなかった大麻の有効活用法が発見されていくと思います。それが具体的にどのようなものであるかは、これから人類が自然と共存共生していくことで、具体的に明らかになってくると感じています。

私自身も大麻を研究していくなかで、今まで気づかなかった特性やメッセージがわかってきました。大麻は環境にやさしい工業製品を製造できるだけでなく、生命体にとってのヒーリングプラントになります。

大麻は太陽の光を効率よく受け止めるために、太陽の高度に合わせて葉の角度を変え、太陽のエネルギーを最大限にキャッチし、光エネルギーを自らが合成して夜の間に丈が伸びて成長します。そして、土の中に含まれている農薬やダイオキシンなどの残留物質を光合成で分解し、土壌を改良しながら育っていきます。

それにより、土の中の微生物も昆虫も、また、他の作物とも共生関係になっていきます。循環することで自然に共生し、生命エネルギーが育まれます。

生命とは光です。その光エネルギーによって、生命体が活性化して共生してくる。

大麻のもつ循環テクノロジーは、生命の光の科学に通じ、神秘的な可能性を秘めています。

天然ピラミッド構造の生命マンダラ

大麻の成育過程と構造を説明します。

三月の後半頃に種を蒔くと平均五日ほどで発芽しますが、最初は丸い双葉と同時に、その上に大麻特有のギザギザの一枚葉が左右対称に現われます。種の殻がわれる寸前まで丸い双葉は、小さなギザギザの葉を外側から守るようにして包み込んでいて、双葉が開くと同時に中からギ

生きたマンダラを思わせる大麻の花穂

ザギザの大麻の葉が現われる仕組みになっています。

大麻の丈が少し伸びると今度は三枚葉が左右対称に一枚葉と直角の方向に現われます。それから、また丈が伸びると下の三枚葉と直角方向に五枚葉が現われるのです。

そして、五枚葉以降は互い違いに数節ずつ現れ、七枚葉、九枚葉と成長を続け、プラント（植物）の大きさにもよりますが最高十三枚葉ぐらいにもなります。

それが八月頃に成長期が終わり、成熟期に移行すると今までの成長速度もゆるやかになり、それからは、今まで九枚葉が出ていたならば、次に出る葉は七枚葉というように葉の数も段々と減少していきます。光合成もそれほど必要なくなってくるためでしょうが、先に出ていた葉も役割が終わり、黄色く変色していきます。

雌は葉の枚数が三枚葉に減少した頃に花が咲き始め、まるで宝珠のようなウテナといわれる花の粒が密集します。このウテナの中に種が一粒ずつ包まれることになり、それが、ピラミッド形状に集合して花穂となって、最後に一枚になった葉が花穂を守るように残り、一体の形になります。まさに生きたマンダラといえます。

これが九月頃で、その後、麻の実（種子）が結実して十月頃に成熟の時期を迎えます。

雄の花は花粉を撒くという意味があって、ピラミット状にはならず、放射状に広がって咲きます。自分のエネルギーをたくさん撒いて、雌株にあるピラミッド状の花に花粉を橋渡しして生涯を終えていくのです。これが一年のサイクルです。

種から生まれて、つまり、一条の光から発生した一枚葉が、また一枚葉に戻ったときには、たくさんの実を結んでいます。

「一粒の麦が地に落ち、死ななければ、ただ一粒のままである。しかし、死んだならば豊かに実を結び一粒が万粒にもなるだろう」とイエス・キリストが言っているような生命の営みが大麻を通して強く印象づけられました。

ひとつから生まれて、またひとつにかえるという大麻の葉の植物学的形態は、人類に対して何か大切なメッセージを送っていて、この中に今の人類が忘れている自然の理が隠されているように思えてなりません。死すことは生の中の創造であって、破壊と創造がこの世の定めです。

物を作り物を失い、思いを創り思いをなくし、宇宙にとけ込んでいく。「我が世誰ぞ常ならむ」と詠われていること。これが人の学ぶ道なのでしょう。

大麻の花は、ひとつひとつの宝珠が密集してピラミッド形状になることで、エネルギーの集積と形が創り出す独自のパルスを受信発信していると思います。天然のピラミッド形態の雌花と同様に、葉もまた奇数の枚数になっているということは数のエネルギーでいえば、ピラミッドの意味になります。

大麻の葉は、五枚であっても七枚であっても真ん中の葉は茎から真っ直ぐに伸びていて、いちばん太くしっかりとしています。真ん中の葉を有する奇数葉数にも意味があるのです。

奇数というのは、必ずセンターが生まれて、そこが中心軸となります。

したがって、奇数は競争原理ではなく共生原理が働きます。センターの重要性は釈尊が説いた「中道」とも連動しているのです。

大麻が封印されて気づいたこと

大麻が封印されているからこそ、大麻がこれだけ環境にやさしいということが逆説的に理解できた側面もあります。

封印されているということは、忘れていることと同じであり、忘れなければ思い出すことはできませんが、明確に思い出したときには、もう二度と忘れないような強烈な理解が生まれます。強烈に気がつけば行動もします。行動することでいろいろな体験と出会い、エネルギーや恩恵をお互いに共有できるという喜びも生まれてきます。

思い出すときに暗く思い出すことはありえません。思い出すときは、明かりがパッとつくような気づきが起きますが、「気づき」と「癒し」はセットになっていて、思い出すことによって自分も癒されています。

真理を思い出すことは光と通じることであり、ポジティブで意味のあることになります。これが理解できると忘れることさえ意味のあるものになってきます。つまり、大麻が忘れられていたことも本質のエネルギーを思い出すための進化のパラドックスです。本質に気がつけば封印は必ず解けます。

したがって、本質に気づくために封印されていたことになり、ひとりひとりが本質に気づけば、あるがままを思い出し、大麻は自然に解放され地球は癒されてきます。

大麻の女神エネルギー

大麻の場合も、雄株よりも雌株の方が主役といえます。このことは、二十一世紀は女性性の時代だと示唆しているように思えます。

女性性の時代には、女性エネルギーが活躍するという意味もありますが、それだけではなく女性や男性の中に含まれている女性原理である受容性を通して二極のバランスをとるということでもあります。

右脳と左脳についても今は右脳が必要な時代といわれていますが、これは左脳が不必要なのではなく、現在は左脳優先社会ですから右脳をステップアップさせて右脳と左脳のバランスをとる必要性を伝えているのです。そうすることによって、真中にある間脳も共鳴し、脳は三位一体のバランスがとれて第三の目であるアジナ・チャクラも開いてきます。

第三の目が開けば心眼にも通じ、両目との位置関係でも三角を形成し、どこまでいっても三角形（テトラ）の構造学になってくるのです。

今までの長い間、男性原理の文化にあって、男性の中の女性性も封印させられていました。「相似象」(2)の宇野多美恵氏の言葉をお借りすると、俗にサヌキ男にアワ女といいますが、これは、アズマ男にキョウ女のような形態的に理想的なカップルを表わしているのではなく、もともと男はサヌキの性質が強く表われ、女はアワの性質が強く表われるもので、男と女ではサヌキ量とアワ量の比率が生まれつき異なっていることを言った諺です。

サヌキ性がどのような性質かというと「サ」は差であり、狭でもあり、「ヌキ」は抜き、貫きという言葉からもわかるように、社会を生き抜いていくきびしい要素でもありますが、その底辺に流れるサヌキ性は、意欲をもって突き進み自分を貫こうとするものです。一方的で独善的で攻撃的で動物的で主観的で現実的で自己中心的なのです。

ではアワ性とは何かというと、「ア」はものの始元であり、アサにもアマにもアワにも、あらゆるものに変遷していく受容性の響きを有し、「ワ」は和であり、輪であって、すべて丸く治めるという言葉のように、アワ性は前後を見ずに飛び出そうとするサヌキ性に対し、それがうまくいくように、前に回り、後ろに回り、心を配って、その安全を守ろうとします。

つまり、アワ性は受容的で柔軟的で親和的で植物的であって、客観的で精神的で内観的なのです。これらからもわかるように、現代はサヌキ性が優位の時代になっています。

昔はアワ性優位の時代もありましたが、精神文化が薄れていくにつれて、人類は少しずつアワ性を失ってきたのです。これからの女性性の時代という真意は、この失われたアワ性の回復にあります。女性性の最たるものは受容性であり、受容しただけ発振できるということが地球を変えていくための逆転エネルギーです。

このようなメッセージを調和というコードネームをもった大麻は発信しているのです。

マヤ暦と大麻暦

調和の意味をもつ大麻は、一年草ということもあり、一年の時を正確に把握している「生き

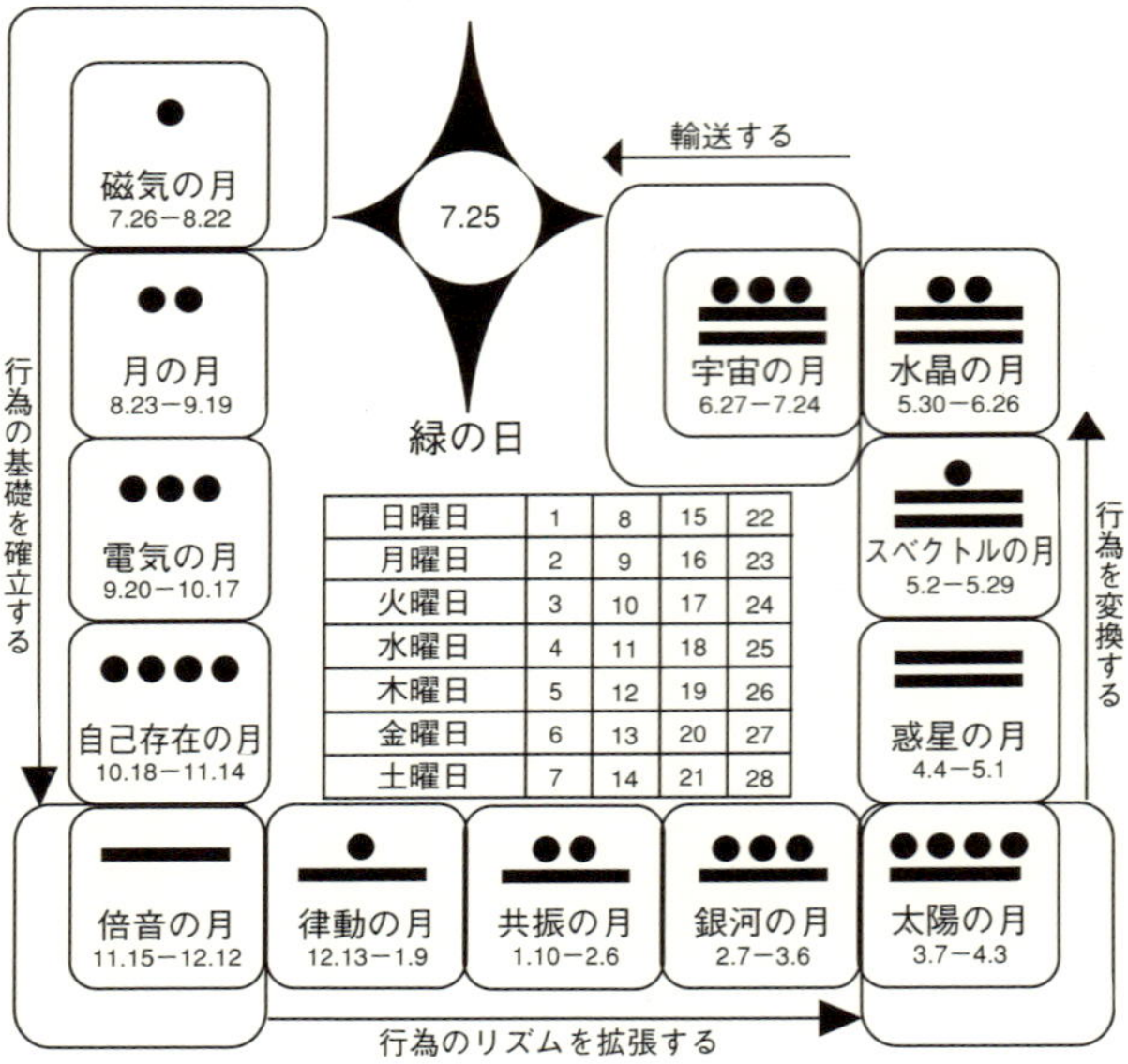

13ヶ月の暦の構造（13の月の暦より）

た天然時計」でもあります。

マヤ人の使っていたカレンダーは、一ヶ月二十八日を十三ヶ月つくり、それに時間をはずした日という特別な一日を加えて三百六十五日としていました。

これらの暦の根源的な時間形態は、ウガヤフキアエズ朝の時代の暦で、後の神宮暦、神宮大麻暦としても使われていました。つまり、マヤ暦などの自然のサイクルに対応した暦のルーツは、超古代文化で使われていた大麻暦にあります。

ウガヤフキアエズ朝の時代というのは竹内文書によると、およそ二百九十万年前から二千七百年前位までの非常に永い歴史をもっています。

この時代に体系化された時間芸術が、イムベによって世界中に交易されて、マヤとかケルトとかその他古代の民族が使っていた調和した時間の原型になっていきました。

マヤ人は二十日が十三ヶ月、すなわち二百六十日で一サイクルというツォルキン暦も使用していました。三百六十五日カレンダーの五十二倍と二百六十日カレンダーの七十三倍がイコールになる最小公倍数である五十二年という周期も使われていました。

五十二年の五倍が二百六十年であり、この五と八という数が金星と地球の周期に関係があることから、金星に意識をチューニングさせる意味もあったと思われます。金星と地球の同期周期は八年ですが、これを十三倍すると百四年で、この半分が五十二年になります。五十二年という周期はマヤに限らず中米のその他の文明にも浸透していました。

惑星が太陽のまわりを周期的に回りながら一周することを公転といいますが、金星の公転日数は約二百二十四・六日です。これに黄金比といわれる一・六一八をかけると約三百六十四と地球の公転周期に近い値になります。

ツォルキン暦は二百六十という単位でできているモノサシですが、金星の公転日数二百二十四・六日に二百六十を掛けると五万八千四百日で、これは地球の年数にして百六十年という期間をひとつのツォルキン暦が表すことになり、この期間に金星と地球は百回会合します。

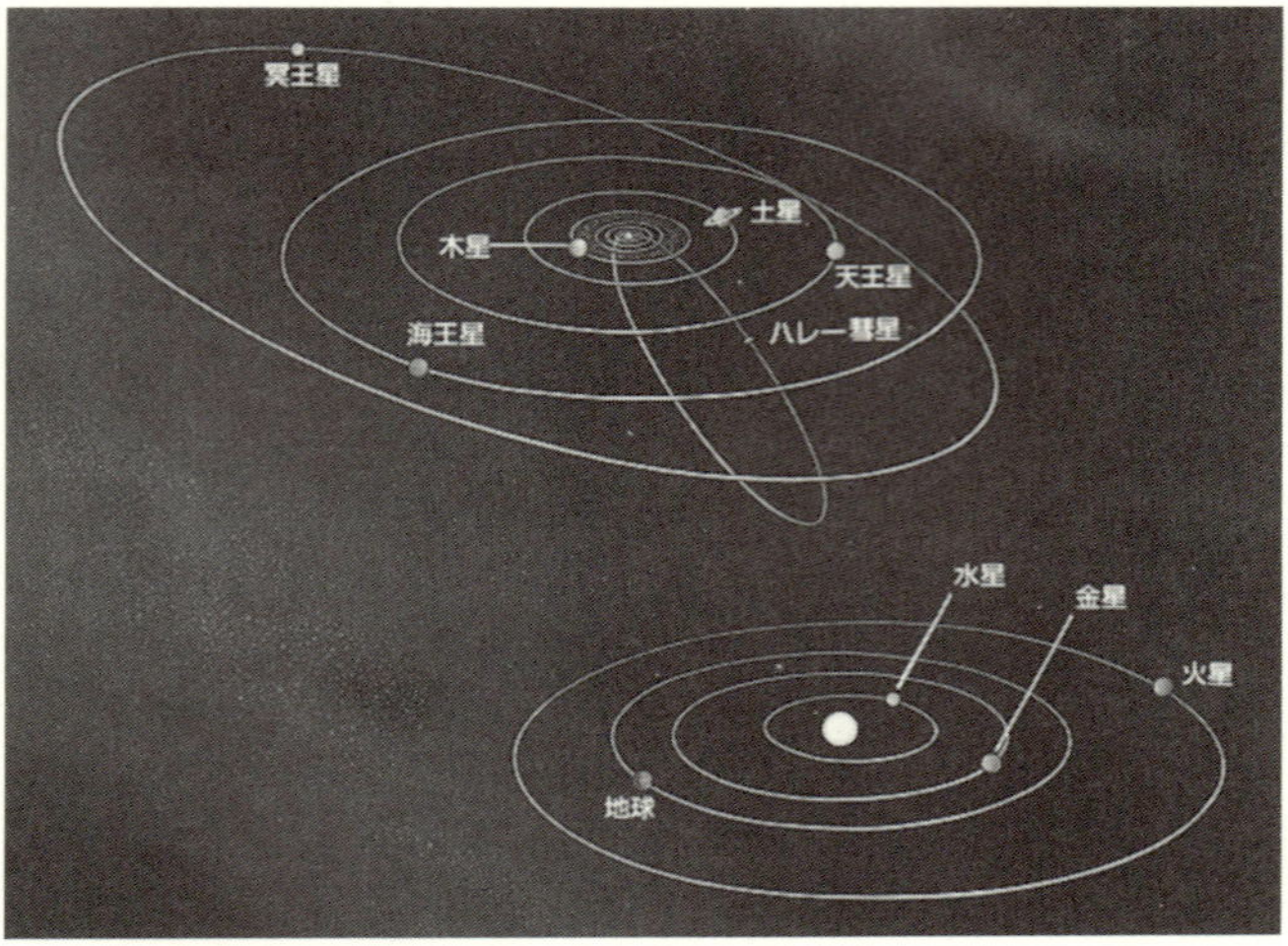

太陽系の軌道

金星が明けの明星から宵の明星になり、再び明けの明星になるまでの期間（会合）が五百八十四日であり、この五百八十四日を五倍した数二千九百二十日は、地球の八年に相当します。ここに五対八という比率が生じます。

この比率に関係して、太陽と地球の間に金星が入って、金星が太陽の表面を通り過ぎるという非常に珍しい現象が、二〇〇四年六月八日と、それから八年後の二〇一二年六月五日に起きます。

金星の自転は、他の惑星とは逆回転になっています。わかりやすくいうと、太陽が西から昇って東へ沈むということなのですが、一日が五千八百四十時間（二百四十三・三日）と非常に長いのです。

この金星の自転二百四十三・三日を十二倍すると二千九百二十日となり、金星の十二日が地球の八年分に相当します。金星の公転二百二十五日を十三倍した値も二千九百二十五日となり、これも地球の八年に相当します。この地球と金星の比十三対八を足すと二十一になります。この二十一を四倍した値が天王星の公転周期となります。

地球と海王星の自転周期比は十三対二十になっています。十三と二十を掛け合わせると二百六十という数になり、これがツォルキン暦の一年になります。ツォルキン暦には時間が流れ出る方向と入る方向があって、これが百三十日ずつになります。

地球と天王星の自転周期の比は五対七になっています。

地球と土星の自転周期の比は四対九になっています。

このように、古代に諸惑星の自転周期がなぜわかったのでしょう。

アボリジニが陸地の内陸部にいて海のことを全部イルカに教えてもらって、海のことを知っていましたが、これと同じような理由ではないでしょうか。

星には役割があって、たとえば、土星は時間を司っていますので、土星を基本として他の惑星の公転自転が割り出せたということです。また、土星と天王星の公転周期の比は七対二十になっていて、土星の公転周期が二十九・四年ですから、この比率から天王星の公転周期は八十四年と出てきます。七と二十との差は十三です。この十三は、土星と天王星の間に投影される数ということです。

十三という数字は、土星と木星の会合周期が十三年ということにも表れてきます。肉眼で見える惑星は土星までです。したがって、土星の外側にある天王星、海王星、冥王星は天体望遠鏡が発明された後に発見されました。

しかし、マヤ人も古来から知っていましたし、太古のシュメール人もそれらの星を知っていて、天王星を「アヌ」、海王星を「エア」、冥王星を「ガガ」という名前をつけて、それぞれの特徴についても正確な知識をもっていました。

マヤ暦には、十万四千年サイクル、二万六千年サイクルという暦も存在していて、いずれも天体の運行と密接に関係している理にかなった暦であります。

天体サイクルの予言

天の北極には今は北極星ポラリスがありますが、今から五千年前の天の北極には龍座のアルファー星がありました。

この理由は、地球には地軸の傾きがあって、その地軸の延長線が天の北極なのですが、その地軸が二万六千年で一周する円を描いています。それを「さいさ運動」といいます。つまり、北を示す星が、二千年で円周上を約二十七度移動するということです。

星占いで使われる誕生星座は、地球から見て太陽の通り道上に隣接している星座で、これを黄道十二星座といいます。最近は黄道星座に「へびつかい座」を入れて、十三星座とすることがあります。

地球は、一年がかりで太陽の周りを回っているので、月ごとに十二星座を順番にめぐっていくことになるため、生まれた月と星座とで運勢を占っています。星座のめぐりに基づく信仰や占星術は、古代の天体祭祀文化から伝承されたものです。

誕生日と黄道星座の関係は、大昔に決められたので、現在はずれていますが、これも、「さいさ運動」のためで、二万六千年かけて十二星座を一周するサイクルになっています。

星座には基準点があり、それは昼と夜の長さが一致する春分点に決められています。地球上の地図と同じように、星空にも星図があって、地球上の経度の零度に相当するのが赤径零時で、赤径零時は春分点の時の星座を基準にしています。

二千年以上前にギリシャ時代にヒッパルコスが、占星術で春分点を起点と決めたときには、赤径零時を挟んで、うお座とおひつじ座がありました。

星占いでは、うお座が二月二十一日から三月二十日で、おひつじ座が三月二十一日から四月二十日となっています。これで見ると春分点の三月二十一日頃は、おひつじ座にあって、うお座に入る一日手前という境目にあります。つまり、一年の起点である春分点から始まる星座は、うお座とされていました。しかし、二十一世紀に入った今、星座の始まりは、みずがめ座（アクエリアス）に移り、今はアクエリアスの時代だといわれています。

十三星座とした場合はわかりやすく、二千年ごとに誕生星座と逆方向で次の星座に移り変ることになりますから、ヒッパルコスが春分点を決めてから二千年を経過した今、星座は一・八時（二十七度）度移動して、現在赤径零時を挟んでいるのは、うお座とみずがめ座となり、星座はみずがめ座から始まるといえます。

鶴と亀が統べった剣山（鶴亀山）が、夜明けの晩に明らかになると予言されていて、その剣山は、水瓶を有した山といわれています。

みずがめ座の世明けは、水瓶の山が明らかになり、縄文ムー文化と古代ヤマトのスピリットが現代的に復活する二十一世紀にふさわしいのではないでしょうか。

フナブクインターバルと十三の封印

十万四千年は、フナブクインターバルといいます。

フナブクはマヤ語で銀河の中心という意味ですから、太陽系が銀河の中心をめぐって一周するのが十万四千年ということになります。

二万六千年の周期と十万四千年の周期の終わりが重なり、二千年という周期が重なり、一万三千年という周期、その他、様々な天体的な運動が、この二〇〇〇年を中心に一九八七年のハーモニックコンバージェンスから二〇一三年の前後十三年の二十六年間に区切りを迎えることになります。

これは、新しい次元を地球が迎えることを示唆しているのでしょう。

二万六千年という暦においても、一万三千年の闇の時代と一万三千年の光の時代があります。ここにも十三という数字がでてきます。惑星間の比率や周期にも十三の聖数はたくさん登場します。

ツォルキン暦は、サーカディアンリズムと対応しています。サーカディアンリズムというのは、人間の体内生態時計のことで、ツォルキン暦は生命にもともと備わっている天然の時間ということであり、地球上の生きとし生きるすべての生命体のリズムは、ツォルキン暦になっています。

ツォルキン暦は、二百六十日という単位や十三ヶ月が基本になっていますが、月が一年で十三回満ちることにも対応しています。天体のサイクルに基づけば、十三という数が天と地をつなぐ聖数だということがわかります。しかし、今の文化は十三の数を封印しています。

たとえば、十三日の金曜日は不吉な日だとされてきました。しかし、マヤ暦では、一ヶ月が二十八日で構成されていますから、毎月十三日は金曜日になります。つまり、十三日の金曜日は、天体とつながる聖なる日であり、十三というミラクルナンバーをことさら隠すために不調和な集合意識が十三は不吉だという価値体系をつくり出したのです。

十三（トミ）を封印するということは、富や繁栄を封印することにつながります。

アルファベットでいえば、「A」から数えて十三番目が「M」にあたり、ミラクルやマジック、ミネラルやマリファナという「M」の頭文字のつくものが封印されてきた必然性がありま す。日本語でいえば、「ま・み・む・め・も」にあたり、「麻・実・無・芽・母」は今までの社会の中では、隠匿されてきた歴史があります。

イエス・キリストには十二人の弟子がいました。そこに自分を入れれば十三人になります。

時計には十二分割の数字のポイントがありますが、時を進める針の中心ポイントを入れると十三になります。このように、真中にあって天と地がつながる数字が十三なのです。

二十一世紀には、あらゆる封印が解け、十三のシステムも動き出します。

シンクロニシティーの次元

暦とは己読み、つまり、自分を読むということで、自分の中にある体内生態時計（サーカディアンリズム）という本来もち合わせている天然時間を読むことに行きつきます。その天然の暦というのは、必ず天体と連動しています。

天体の運行と密接にシンクロしているのがマヤ暦であり、大麻暦でありました。これらは、裏と表が一体になって相互に織り成されているメビウスの時間形態だと感じています。つまり、過去と現在と未来がパラレル次元に同時に存在しているということです。

したがって、縄文文明が過去の文明なのか、あるいは未来の文明なのか。

これからの惑星間社会が過去の世界なのか、未来の世界なのか。

どこを切っても金太郎飴のような立体的時間という時間認識で過去と未来が現在で交差していますから、現在が変われば過去も未来も変わるということになります。

様々な時間軸が「永遠なる今」という時間軸に融合してきていますから、今が変わればすべてが変わります。今を変えるには、まず、今の自分を変えることです。自分が変われば今も変わり、宇宙意識とシンクロしてきます。

たとえば、過去に後悔した出来事があったとします。しかし、後悔した出来事に対して前向きに捉えて、今を生きる意識に基づいて人生を送り、今の楽しみに気づいたときには、過去の失敗もすべて糧になっていたことに気づきます。

そうなってくると、今を生きていて、今に感謝している人の過去の後悔や失敗は光に変わってしまいます。確かに現象的には過去を変えることはできません。それは三次元の時間認識が直線的な時間に合わせているからです。意識をシフトすることにより、今ここを生き、過去を光の世界に変えることで未来を光り輝かせることもできるのです。時間と空間は切っても切れない一体のものです。したがって、今ここを生きることで、永遠の時間軸に入っていきます。

永遠なる時間の中に意識があれば、「いま」という時間と「ここ」という空間しか存在せず、シンクロニシティーの次元が現実化します。

永遠なる今を生きる

共時性の次元の中で、超古代のピラミッドなどもアッという間に創造されてしまったと思います。もちろん、様々な石を物理的技術を使って、加工や移動したりもしていますが、最終的には高次元のエネルギーで共振させて、まるで空中作業のように石を組みながら建設していったと考えられます。みるみる積み上がっていくという感覚で究極的には瞬間的に造られてしまったということが想像できます。それはある意味でテレポーテーションと捉えることもできるし、物質化という捉えかたもできるでしょう。

このような次元では、ひとりひとりの時間認識が、今ここということを最大限に認識して、今ここが永遠であるという次元意識のもとに光として生きることが基本になっています。このような多次元的な時間体系が、もう現実の世界にも重なってきているように感じます。

その一つの根拠に、思ったことがすぐに現実になるということが、今人類のレベルで集合的に体験されています。

昔は一つのことをこなすのに固定された意識で推測して、的はずれな計画をたて、余分なエネルギーを費やして完成するのに大変な労力を使っていました。しかし、そのような経験が基礎になって、本質を求める意識が芽生え、永遠なる今を感じられるようになった人が増えてきました。

そのような仲間たちと一緒に仕事をすると、アッという間に物事ができてしまうものです。立ち上げるための用意とか準備とかは、すでに潜在的にこなしていて、シンクロニシティーの中で宇宙的必要性に基づいて、状況が合えば、もうまるでできあがっていたかのように一瞬の内に現象化してしまうのです。

今を生きるということは、後悔したり、変にこだわったりしないことです。

過去のことを後悔していても今を生きられなくなり、未来のことを心配していても今を生きられなくなります。あれこれと先のことを考えたり、計画にこだわりすぎたりしていると先が遠くなってしまいます。

今という時間に乗れなくなるのです。

時間に乗るということは、「永遠なる今」という宇宙船に乗っていることです。

スピリットに基づいて、ハートが楽しく宇宙の流れに乗っていれば、楽しい時間というのはすぐに終わるので、結果としてアッという間にとんでもないことができてしまいます。

古代人は、古代ヤマトを中心に世界中を交易していましたが、今の人たちには想像もできないほど世界が近かったと思われます。

このような意識の次元であったから、天空船のような乗り物も存在して当然であり、我々も永遠なる今を生きられるような意識になれば、もっと自由な文化になっていくでしょう。

今ここを生きていなければ、循環しないライフスタイルになりますから、ネガティブの意識に同調してしまう可能性が生まれます。ネガティブのエネルギーというのは、過去にこだわったり、未来を心配したりする想念を誘発させる重いエネルギーなので、当然、宇宙船を飛ばせないエネルギーになります。

イノチという言葉があります。ミコト（命）はイノチであり、「チ」は地、血、力、道などから連想されるように持続、継続、連続という意味をもっています。

したがって、イノチという意味はイマのイの連続したものということになり、永遠なる今がイノチであり、今ここを生きられなければ、イノチがない状態と同じになります。

永遠なる今を生きる生き方が確立されれば、天体からのサポートが百パーセント受けられるようになります。

そして、その永遠なる今の集合意識が地球の進化と未来文化に貢献していくのです。

「アサ」という言葉のエネルギー

竹内文書によると、テンジン五代というから三千五百億年以上をさらに遡るいつのころか不明ですが、天一《あめはじめ》天柱《あめはしらぬし》大神《おおかみ》躰光神《みひかりのかみ》というスメラミコトがおられました。

今の地球次元では宇宙が誕生して百五十億年といわれています。しかし、これは地球次元の宇宙が誕生してからの年数のことで、この地球次元の宇宙が誕生したときに、すでに天一天柱大神躰光神は次元上昇をしています。

そのテンジン五代に、よろずの言語と文字ができたといいます。聖書でいう「始めに言葉ありき」です。

このとき天日万言文造主神《あめひよろずことふみつくりぬしのかみ》が、「ウスフツルヌクユムウビ」と自然に宇宙の音霊を発しました。これが父音となり、ウオイエアと発して母音となりました。しばらくして、父音と母音の組み合わせた音を発して子音ができ、ここに五十音が完成したのです。これが日本語の発音の元となっていますが、太古の発音は父音と母音を重ねて発音したため、現在の発音とは異なっております。

現在、「エ」と「ヱ」、「イ」と「ヰ」など発音上区別しにくい字が存在するのも、こうした太古の五十音が存在していたためなのです。また、母音の文字と父音の文字を組み合わせて表記した文字が神代文字のアヒル文字であって、八意思兼命（オモイカネノミコト）の創作字と伝えられています。

太古のウオイエア五十音の発音を現代の文字で再現すると次のようになります。

ウ	オ	イ	エ	ア
スウ	スオ	スイ	スエ	スア
フウ	フオ	フイ	フエ	フア
ツウ	ツオ	ツイ	ツエ	ツア
ルウ	ルオ	ルイ	ルエ	ルア
ヌウ	ヌオ	ヌイ	ヌエ	ヌア
クウ	クオ	クイ	クエ	クア
ユウ	ユオ	ユイ	ユエ	ユア
ムウ	ムオ	ムイ	ムエ	ムア
ヴウ	ヴオ	ヴイ	ヴエ	ヴア

実際に声に出して読んでみると、現在の音との違いが明らかになってきます。

「アサ」という言葉を発音してみると超古代の音では、「アスワ」という発音になります。アスワと発音してみるとアスワンやアスカやナスカなどとのつながりが見えてきます。

「ア」というのが宇宙原初の母音で、「サ」というのが「スワ」と発音されることから、サラスワティー（弁才天）のスワでもあり、「スイ」・「スウ」・「スワ」は水という意味をもっています。大麻と水は調和の意味をもち、高次元の領域では一体であり、麻の葉模様の中に水の結晶が構成されていることや大麻と水と塩は罪穢れを祓うということからもいえるように共通したエネルギーを内在しています。

大麻と共通する水とは、アスワのごとく、原始の光の水です。また、「木」と「水」は、漢字の形も同じような形をしています。

大麻は乾燥状態にも強い植物ですが、そのぶん大麻の茎は、できるだけ水を効率よく吸い上げるような植物学的構造をしています。すべての植物が太陽のエネルギーや水のエネルギーを必要としていますが、大麻の場合は、とくに顕著に表われ、光も水もたっぷり必要とします。

それは、銀河の源泉シリウスに起源をもつ大麻が、スバル座の水の惑星から太陽に近い金星を経由して飛来して来たからでしょうか。

アサという言霊がアサヒやアサマやアスワなどの音のエネルギーにも内在する原始の意味をもち、ア（天）から始まってワ（地）で終わる世界にス（人）が入り、天地人の三位一体を象徴した音であり、水と同じように完全調和のエネルギーを秘めているのです。

うしろの正面のマコト

言葉を逆さに読むと、そこに隠されたものに気がつくことがあります。

古代神代文字で書かれた物の中にも、「タヌキ」とか「サヌキ」などという読み方があって、タの字を抜いたり、サの字を抜いたりして読むと意味が通じるものや逆さ読みといって、後ろから読んでみる方法もあり、古代から封印を紐解くカギでもありました。

古文書のひとつ秀真伝《ほつまつたえ》などの中には回文といって、上から読んでも下から読んでも同じになる和歌がいくつも読まれていて、昔の人がこれを楽しんでいた様子がうかがえます。

ちなみに、空海は八二五年に「磯輪上乃秀真国之阿波国なり《しわかみのほつまのくにこれ》」と断定しています。このことで秀真伝は阿波の伝承だということがわかります

逆さ読みで「麻」は「サア」、サアこれから世に出ようではないかとなります。

いよいよ朝日の出現です。

「山」は「マヤ」で、マヤのピラミッドと日本の山とが共通性をもっていることに気がつきます。「村」は「ラム」、ラムーはムー文明の王の名前で、ラーとは太陽神の意味ですから、太陽の運行に基づいた共同体が村ということになります。

このような逆転意識は、二元性の統合にみる裏と表が入れかわる表裏一体の法則に基づき、カゴメの歌の秘密である「うしろの正面」の意味に通じ、昔から「逆もまた真なり」といわれてきた二極性特有の逆転真理のマコトです。

反転子の錬金術

「うしろの正面」と共通する意味に「反転子」という言葉があります。反転とか原子転換などは、逆転エネルギーの錬金術であり、ここに進化の根源的な原動力のひとつをかいま見ます。この反転子とは、反転するエネルギー運動のことで具体的な例がバネです。ある力で押し込めば、そのぶんの反動が起きて、反転した方向に新たな力が発生します。

苦しみを体験することで、さらなる幸せの必要性を感じるように、マイナスの局面に引っ張れば引っ張るほど反動が大きいということが反転子の原理ですから、マイナスも別に悪いわけではなく、プラスに転換する原動力になりえます。

この意識が「善」と「悪」や「光」と「闇」の二極を統合するコツです。

弓も反転子の原理をよく表わしています。弓弦は本来、魔を切る意味があり、罪穢れを祓うことからも弓弦には、なにがなんでも大麻の繊維が使われていました。

弓がしなるまで弦を引き、反転エネルギーで矢（ヤ）が的（マト）にあたる。

二極を統合するエネルギーとして反転子は、未来社会においても、ヤマトのスピリットが復活する錬金術になるのです。

地球ランドへの進化

環境破壊、健康悪化、現代社会が抱える様々な問題は、我々人類がスピリットを体現していくことで、乗り越え進化していくひとつの使命です。我々が肉体をもって、この地球という星で愛と調和を学び、天命をまっとうすることは、スピリットを体現することでもあります。そして、スピリットの体現は、個人だけでなく人類すべてに共通する自己表現であり、存在理由にほかなりません。

さらにいえば、スピリットは光ですから、スピリットを体現していくことで闇を光で照らし、人類の集合意識と地球の環境は、本来の生命の光によって大転換をとげ、宇宙意識まで広がることができるようになります。

経営コンサルタントの神様といわれる船井幸雄氏が言われるように、世の中に起きることは、すべて必要必然ベストであり、良い悪いという判断はできません。

良い悪いの判断がなくなると、天国と地獄を創っていた意識が天地和合して、楽園的な次元を思い出します。天国と地獄がなくなり、すべてが愛のもとに存在しているという調和した意識に融合され、ここが楽園「地球ランド」であるという究極の地球意識に到達するのです。

このような愛にもとづく楽天的なエネルギーは、調和した芸術的な社会を創造していくうえで、なくてはならないエッセンスなのです。

古代叡智の知性「テトラ精神科学」

「テトラ精神科学」とは、ミコトのスピリットを体現する叡智のことであり、ミコトとは命《いのち》であり、人が天命をまっとうする目的は、「マスミの思い」と「マコトの言葉」と「スナオな行動」の三つのマコトを身につけることにより、ミコト（命）になることです。

「マスミの思い」とは、宇宙の意識に任せた思いであり、あるがままの澄みきった透明な意識を表しています。

「マコトの言葉」とは、宇宙の真理とつながった言葉であり、美しい言霊でもあります。

「スナオな行動」とは、宇宙の流れに乗った行動であり、飾り気がなく、ありのままの柔軟な行動であります。

そして、この三つが揃っているテトラ精神状態のことを、昔の人は「ミゴト」と言い、揃っていない状態のことを、「ミットモナイ」と言っていました。

このテトラ精神を体得するのは難しく、それ自体が学びであり、常識とか世間体《せけんてい》などの現代

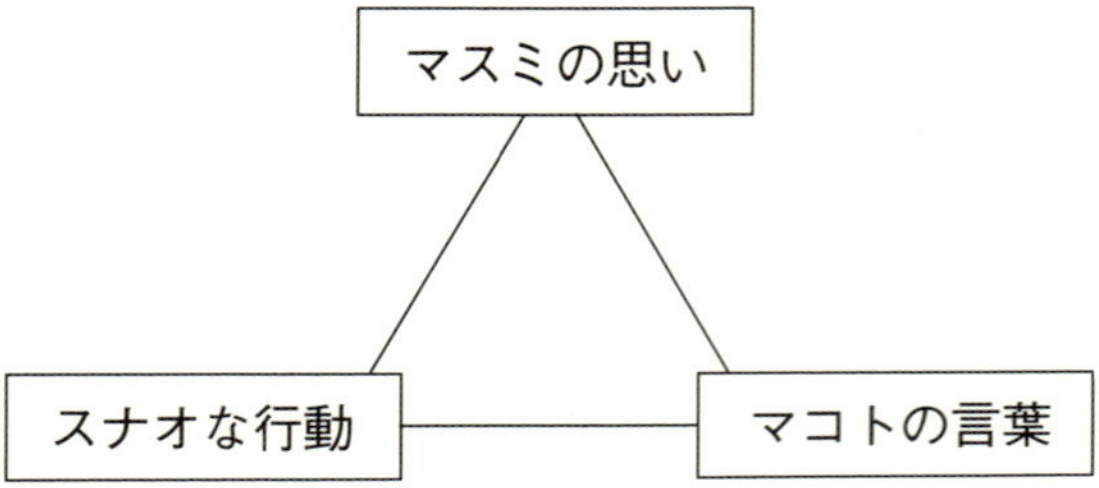

「テトラ精神科学」の基本である三つのマコト

社会の固定観念にしばられて重くなると飛べない状態になるのです。

お釈迦様は、蓮の花の上に無重力状態で乗って「色即是空」と言われました。これを素直に受け止めれば、この世界は、すべて空であるから軽いもの夢幻のようなものが本質だと言っているのです。

「空即是色」とは、このような軽い夢幻のエネルギーが、この世界では物質となって現象化しているだけなのだということです。

その物質は原子からできていて、原子は外周を電子が飛び回っている九十九パーセント以上が何もない空間です。さらに物質をクオークの状態で表すならば、宇宙は微小な点の粗密の差でしかなくなります。

これは、テレビの画像が光の点の集まりでできていることと同じで、単に平面か立体かの違いです。そのことを知ったお釈迦様は、我なしということを知って、我をはずしました。

いい換えれば、ミコトの状態でクオークの次元とつながり、ワンネスの状態になりました。ワンネスの次元とつながれば、自分が軽くなることも瞬間移動することも自由自在です。今の時代の観念では、なかなか軽くはなれません。

ちょっとしたことでも思い込みにつながって、重くなるということがあります。何かに意識を固定させたとき、それは執着となり、思いは重いとなってしまいます。クオークの漂う中で固定して止まってしまったら、軽さを失って沈みます。

火も水も大地も空気も生命も、すべて宇宙に任せているのに人の意識だけは我が生じて宇宙に任せられません。一切は自分がもっているものではなく、自分の流れの中にあるだけだと気づくとき、意識は軽くなります。

マスミとマコトとスナオの三つが揃ったミコトの意識で天体とコミュニケーションをとり、天と地と人がつながる三位一体のテトラ構造となることで、ミコトのスピリットが循環し呼吸してきます。ミコトのスピリットが呼吸することは、テレポーテーションの極意に通じ、天体祭祀といった古代から続く聖なる神事の中に継承されてきた秘法です。

文献や記録として残されていないのは、文献に残せば盗用されたり、悪用されたりする事態が生じるからでしょう。

これらの神聖なる極意は、宇宙のデータバンクには確実に記録されています。したがって、人類の集合意識が愛と調和に目覚めれば、本来だれもがアクセス可能な叡智なのです。

二元性では、お互いに逆を演じることで争ってきましたが、お互いの意識を理解して融合し、新たなひとつができれば、テトラ精神になります。そのテトラ精神の重要性を古代から三種の神器で表わし、水と塩と大麻で表わし、神奈備山で表わし、麻の紋で表わしています。

大麻に含まれる薬理成分に「テトラ　ヒドラ　カンナビノール」という成分がありますが、参考までに、この成分の音のひびきを古代の音の意味に照らして解釈すると面白い意味になることに気がつきます。

その意味は、「テトラ精神になった人らに カミは降臨する」という意味になります。超古代には、テトラ精神科学によって、潜在能力が最大限に発揮され、天体祭祀文化が形成されていました。その文化では、まず自らのテトラ精神を完成させることが重要でした。古代人はテトラ精神を構築して内観し、直感に基づいて行動していくことで、現実を創造していきました。

しかし、意味なく内観することは、難しいうえに危険をともなうこともあります。それは天台大師智顗《ちぎ》が著した天台宗の教えの原点のひとつともいわれる「天台小止観」にも難しさと危険性のことが書かれています。

「座禅というものは、もし善く用心深くやっていれば、四百四病は自然に除かれ癒やされるものです。しかし、用心が適切でないと、かえって色々な病気が動いてきます」

と表しています。

さらに、

「初心の修行者は必ず良き指導者に親近する必要があります。というのは、魔事があるからであり、この魔が人の心に入ると人をして精神を狂乱させ、あるいは憂い、あるいは喜び、それによって病気となり、または死に到らせることさえもあるのです」

と言い注意をうながしています。

そこで、それらの危険を除いて内観するためには、依り代としての大麻の特性が非常に大きな助けとなると感じています。なぜならば、大麻は罪穢れを祓う鏡として存在しているために、自分の内面を速やかに映し出してくれることと内なる宇宙空間でのヨリドコロとなるからです。それによって、真実の自分にいち早く触れることで、魔の入り込む余地がなくなるのです。

祭祀を執ること、祈りをすること、瞑想すること、天体とコミニュケーションをとることなどは、すべて内観することと同じであって、内観によって本質の自分と出会うことができます。それは、神との対話であり、内なる光との対話でもあります。

光明に達した人というのは、どこでも生きていけます。地獄でも愛せるようになるのです。地獄でも愛せるという意識で、その人は天国に住んでいる状態になっています。ハートが変われば、内的宇宙と外的宇宙が逆転現象を起こして、地獄も天国に変わるという状態も生まれてきます。

古代の叡智である「テトラ精神科学」は、未来の精神文化の叡智ともいえる命が活性化していくための生き方のコツでもあります。

古代叡智の感性「直感体験科学」

古代の科学というのは、現在の三次元のサイエンスとは違い、シンクロニシティーのサイエンスであり、ありのままの真実を検証していく感性の科学です。

現代の科学は、理論に基づいた物質科学であり、再現性がないと科学的に立証されません。「テトラ精神科学」と並ぶ古代の叡智に「直感体験科学」がありますが、この直感体験科学とは、直感に基づいて行動し、体験することで創造していく直感芸術の科学です。賛否両論や答え合わせにエネルギーを費やすことがないため、非常に合理的な価値体系になっています。

直感体験科学は、右脳と左脳がバランスをとることによって、ハートに直感メッセージが閃きます。そして、そのメッセージがお腹に落ちることで強烈な理解が生まれます。

直感に基づいて体験したことが、そのまま答え（科学）になるのです。

直感に基づいて体験したことは、ＤＮＡに明確に刻まれます。ＤＮＡは地球と直結していますから、その体験した意識に基づいて地球上の現実社会が形成されていきます。

人の体験は地球の経験としても記憶されるので、地球の進化に貢献することになります。したがって、直感体験科学を体得していた古代の人たちは、地球イコール自分であり、自分イコール地球であるという地球意識のもとに理にかなった価値形態をもっていました。

科学ということについて、ここでは論証できる系統的で理論的な認識に基づくものを科学といっているのではなく、深い気づきとでもいうか、お腹に落ちてハートと一体になる理解（サトリ）のことを科学と認識しているのです。

真実の直感はハートと一体であり、内から湧き上がってくるものです。内から湧き上がってくるということは、すべて自分の中にあり、そもそも本質の自分が知っていることであり、未来につながる情報でもあります。

たとえば、明日新しい人と出会うかもしれません。左脳は過去の情報やデーターなどをストックしている場所ですから、このことを知りません。

しかし、右脳を通したハートは、明日出会う人のことを感じています。その人が過去のライフタイムに自分とどのような関係があったとか、今生において、どのようなつながりが必要かということも知っているので、それを考慮にいれた未来の予定をたててくれます。

しかし、左脳はそれには納得しません。既存の意識に基づいた過去の予定しか納得しないので、内面的に左脳と右脳が共鳴しない状態になります。そうなると本来のインスピレーションを体現できないことになります。

この意味でも内なる二元性の統合が必要です。右脳と左脳のバランスがとれて間脳が活性化しているテトラ精神の状態であれば、高次元から直結でハートにメッセージが届きます。そうなることで、本来ハートの中にある生きた設計図を実現させようと、内なる自分が動き出します。それが直感メッセージです。

ハートが天体とつながり、大きく広がった意識になると全体のことを考慮した直感が発露されます。しかし、直感に基づいて行動を起こさなければ、体験を通して地球とつながりませんから、本質において意味がありません。

直感体験科学が創り出す文化は、完全に循環した芸術的な文化であり、各々が特性と役割を最大限に体現し、思ったことがすぐ現実になる意識と現実が統合された愛と調和の文化であります。

その直感体験科学から導き出された知性にテトラ精神科学があり、循環型社会を築いていくうえでは、ともに不可欠な霊性に基づく知恵であり、古代イコール未来の意志といえるのです。

直感芸術の意志と意識

「波動の法則」(3)で足立育郎さんが言っている言葉をかりると、「直感に基づいて決心すると、だれでもエクサピーコが成長する」のです。

エクサピーコとは、原子核の集合体で物理学でいう陽子と中性子の集合体のことです。陽子が意志であり、愛を表わし、中性子が意識であり、調和を表わしています。

また、意志は発信を担い、意識は受信を担っていることから、エクサピーコが成長すると発信機能と受信機能が増えるということにもなります。

ある問題が起きたとき、それをクリアしようと決心する前と後では解決策がまるで違ってきて、決心する前には気がつかなかった解決方法が閃いてきます。その解決法によって、問題を乗り越えて行くことで脳が生長していきます。

脳はある意味で困難が好物であって、困難をエネルギー源にして生成発展しています。ピンチこそ最大のチャンスであり、様々な経験をすることで意識が広がります。そして、直感の精度は経験によって培われていきます。

魂が成長する意味からいって、地球での体験学習としての困難であるなら、それはマコトへの挑戦といえます。挑戦することは、それを乗り越えて行けるという信頼のスタディーになるので勇気も養われます。困難という食事を信頼と勇気というナイフとフォークを使って食べることで、脳が成長します。脳が成長するだけでなく人間自体も進化します。

困難を乗り越えるといっても力むことではありません。力んだら重くなって、困難を飛び越えられませんし、直感も発露されません。

それとは逆に、できるだけ力を抜くということが大切であり、力を抜いてリラックスしたところに、本物のパワーが沸きあがってくるのです。

直感に基づく体験によって、理解がお腹に落ちると理屈を超えます。

体験することの科学は神聖なる科学であり、本質について、無条件の意識で行動するようになります。この無条件の意識ということが自由のポイントであると思います。

条件づけばかりになると、何々しなければならないというように力み過ぎ、不自由で強制的なエネルギーが内在されやすく、個性が生かされませんから、芸術的になりません。

無条件の愛というのは、母親が子にそそぐ愛のように理屈を超えていることです。宇宙の根源的なネットワークは、無条件の愛で構成されているので、無条件のレベルでサポートし合あい、意識の次元でつながっています。存在芸術の世界です。

宇宙そのものが無条件で、あるがままの相似的なサポートシステムになっていますから、自分の中の無条件の愛に気づけば、サポートされやすいようにつながってくるのです。

直感芸術とは、無条件の意識から各々に降りそそぐ光のメッセージです。

スリーアールの癒し

直感の科学は、瞑想の科学でもあり、非常にリラックスした状態でないと内側から生まれてきません。

このリラックス状態について少し説明をしますと、メビウス気流法を展開している坪井香壌氏は、その要素がスリーアールにあるとしています。

スリーアールとは、「リラクゼーション」・「リアライゼーション」・「リレイションシップ」の頭文字をとったもので、心身をリラクゼーションさせるには、信頼できる何かへ心身を委ねることが重要な要素です。そして、リラックスすることにより、逆に何かへの信頼が目覚めるとも言っています。

リアライゼーションは、実感するという意味で、なにを実感するかというとリラックスした身体の感覚です。

リレイションシップは、つながりという意味ですが、全身に意識のネットワークを張りめぐらせ、たとえば、手の指の動きが各身体の器官に伝達されるという身体の感覚を、身体の動きを通して実感することです。

実感しながら動くことが大切であって、この繰り返しにより、全身が有機的ネットワークで生き生きと鋭敏に張りめぐらされていき、やがて身体がワンネスにつながった動きになってきます。

ワンネスを実感すると、深奥の自分がすべてとつながっていることに気づき、諸芸諸能の極意が、そこにあると納得できます。

このスリーアールは、一つの要素が欠けると、他の二つの要素も消えてしまうというように、やはり三位一体になっているのです。

スリーアールと心の自由、精神の自由、身体の自由は関連していて、心と精神と身体の軽さの究極に浮き身があるということです。

カゴメ模様の秘密

カゴメ模様とは、▽と△が統合した✡の模様のことをいいます。

カゴメ紋は、ユダヤではダビテの星といい、世界的にはヘキサグラムと呼ばれています。また、六芒星ともいわれ、その集合模様は麻の葉模様と同じであります。世界中に共通する神秘的なマークであり、封印を解くための「カギ穴」の役割に思えてきます。

この統合した二つの三角形に共通している中心点はカゴメ紋の重心でもあります。

この中心点をE点とします。E点はアースポイントであり、エネルギーポイントであり、鶴(△)と亀(▽)が統べるときの「うしろの正面」のことでもあります。このE点がないと二

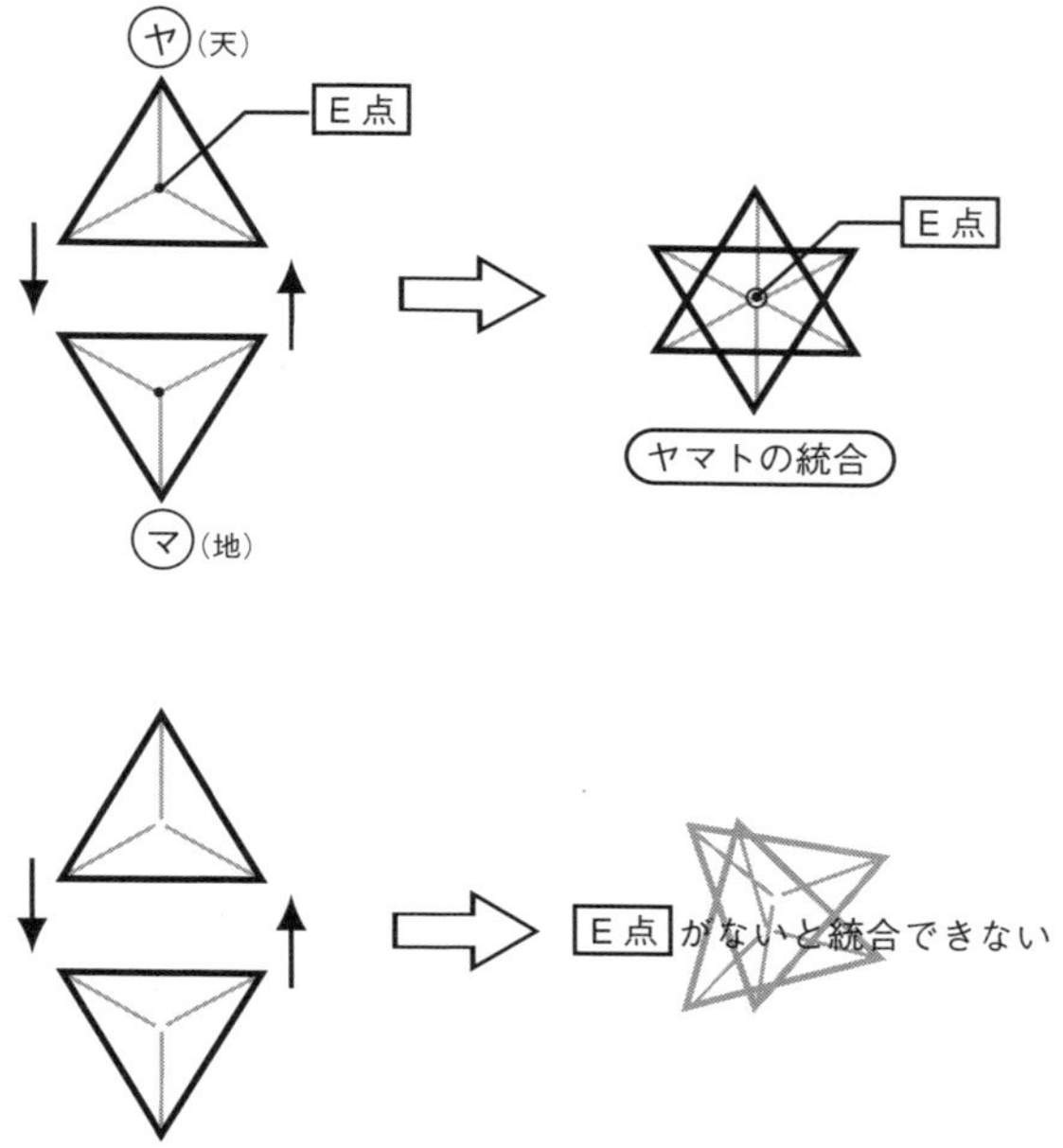

E点（中心ポイント）の重要性

極が統合できなくなります。したがって、E点は一点の光として非常に重要な存在だということになります。

E点が入ったカゴメ紋には、ヤマを統合したヤマトという意味があります。

カゴメといえば、日本古来から伝わる「カゴメの歌」があります。

「かごめかごめ　かごの中の鳥は　いついつ　出やる　夜明けの晩に　鶴と亀が統べった　うしろの正面だあれ」というわらべ歌であります。

なんとも不思議な詩文です

が、この歌には、古代ヤマト文化の封印と大麻の解放のこと、世界の新しい夜明けのこと、自分の本質が開かれることなどが隠されています。

カゴメ紋は、超古代五色人の厄災を祓い、身を守る紋としても用いられていました。また、卦をかけたり解いたりするときの極意のひとつの形としても世界中の様々な場所で使われてきました。

カゴメ紋自体には、世界とか人とかという意味があって使われていたようです。

「かごのなかの鳥」は、その世界の中の自分であり、自分の中に封印された本質を表わしており、大麻の封印の意味にもあてはまります。鳥は自由な心の象徴でもあり、天日鷲とつながることから古代ヤマトのスピリットを表わしています。

「いついつでやる」は、本質が開放されるときはいつなのか、今は籠の鳥のように自由を忘れた時代だけれど、いつ自由な心で羽ばたくことができるのでしょうか。

「夜明けの晩に」は、夜が明ける直前のこと。朝（麻）が来る前は生命の活動が始まる時間で夜麻登（ヤマト）のエネルギーを秘めています。

「鶴と亀が統べった」の統べるは統合するという意味で、鶴と亀に象徴される二元性の統合を表わしています。

鶴亀山（剣山）に関わる霊的な場所、すなわち、古代ヤマト（縄文ムー文明）の祭祀場を中心に世界のバランスを統括していたのがスメラミコトでした。

「うしろの正面だあれ」のうしろの正面とは、あるがままの本質であり、内なる宇宙であり、すべての源に通じます。

それは、自分の中に隠れている「かごの中の鳥」が、この二十一世紀に羽ばたいていくことであり、魂の故郷を思い出すということなのです。

麻の葉模様と未来社会

カゴメ模様と同じ精神的意味のある幾何学アートに麻の葉模様があります。

昔は産着にも着物にも麻の葉模様が使われていました。模様や図形には、固有のエネルギーがあって、麻の葉模様の産着を着ると意識が落ち着いて、赤ちゃんが泣き止む、あるいは、大麻のように丈夫に成長するなどといわれてきました。

麻の葉模様もカゴメ紋を内在したテトラ構造のフラクタルな幾何学模様（複雑な自然界の構造を多角形などで表現した模様）になっていて、水の結晶パターンともいえる調和のエネルギーを放射状に放っています。

放射状に拡がるこの模様には、三角形、亀甲、水晶、ピラミッド、星座、その他様々な図形が含まれていて、この麻の葉模様をさらに立体的にとらえたときに、二十一世紀の循環型社会

調和のネットワークである「麻の葉模様」

の理想的なネットワークを感じます。

麻の葉模様はいちばん小さい三角形の単位を個とした場合に、個が自立、共生しながら全体に織りなされる模様になっていて、ひとつひとつが放射状に拡がる中で、視点を変えることにより、宇宙的かつ星座的な模様が見えてくるのです。

このことを私たちの世界にあてはめてみたとき、我々の意識の視点を変えるだけで、まったく違う世界が見えてくることに気づかされます。今抱いている概念からはずれることで新しい発見と喜びがあるのです。

今までの意識を解放し、新しい視点から見えてくる新しい地球の顔に気づくとき、地球は意識を広げるための謎解き神芝居の空間になっていて、未来社会における空間芸術のネットワークのヒントが麻の葉模様から浮かび上がります。

この麻の葉模様の起源は古く、はっきりとしたことはわかっていません。しかし、その類似性から麻の葉にみたてられた調和の模様であり、古代から大麻が人類に深く関与してきた証です。

この個にして全の立体的な相似象としてのつながりが、これからの社会形態に必要な聖なる幾何学芸術の放射状母体という惑星社会の光のネットワークなのです。

「人は大宇宙」という光なり

直感は天から降ってくるとイメージしていますが、天からくる情報やエネルギーは、実は、内なる自分から湧き上がってきています。自分を通して、地球の中から聞こえてくるメッセージです。地球の中にも内なる宇宙が存在しているのです。

それが、「人は大宇宙」という意識に発展していきます。

私たちの文化では、人体と宇宙が対応していることは認識されていて、人体は小宇宙といわれています。

人の中心であるハートは、もともと時間と空間に束縛されていないはずです。しかし、眼に見える宇宙は、時間も空間も存在しています。このように考えれば、ハートは、大宇宙を包み込みます。したがって、人体は大宇宙であり、人の中心点である♡（ゼロ）ポイントに内なる宇宙が存在しているということになります。

三次元のサイエンスという既存の意識と感覚で見てしまうと、ハートは見えなくて身体の中に入っているように感じてしまうため、人体より小さいと錯覚してしまいがちです。しかし、エネルギーとしてとらえた場合、宇宙のほうが小さいということができるのです。

ハートは無限であり、羽があるように自由で軽く、スーパーポジティブであり、究極のラブです。形に制限されていないため、ハートの中に宇宙が融合されてしまいます。宇宙はハートの中で生きているのですから、心の宇宙が変われば、眼に見えている現実宇宙も変わって当然です。したがって、自分が変われば、すべてが変わるという自然の真理に気づきます。

意識のエネルギーによって、この現実世界が瞬間瞬間に創造されています。そして、その集合意識が現実の地球を共同創造しています。

宇宙が意識エネルギーで満たされているとしたら、その意識のふるさとであるハートの中に宇宙が存在しているということになります。宇宙はハートから生まれ、そこは愛と調和の宇宙意識で満たされています。

ハートとはスピリットの母であり、光源であり、すべてであります。また、生命とは光そのものの有機的な状態を表現した言葉であり、ミコトに通じ、スメラミコトとは、「すべてのいのち」という意味になります。

自分の中にすべてがあるのですから、もう外になにも求める必要はなくなります。内なる自分（宇宙）がすべてを知っているのですから。

この現実宇宙は、自らを映し出すリアリティーとしての「鏡宇宙」になっていることを理解していた古代人の意識は未来ともつながっていました。過去と未来が内なる宇宙で三位一体となり、太古からのメッセージを未来からのメッセージとして、現代文化につなげていくのです。

光とは生命の本質であり、すべてに内在する究極のスピリットです。

未来文化は光の文化です。

すべての存在たちが光り輝くこと。これが「父なる宇宙の願い」であり、生けとして生きるすべての子供たちがベストで生きていけること。これが「母なる地球の願い」であります。

二十一世紀になった今、大麻は自らの光を思い出し、あらゆる生命をつなげ、地球と人類にその光をそそぎます。

世界を天翔る光の繊維といえるこの植物は、悠久の時間と地球の空間を平和に紡いでいくことがおしごとです。

私たちの先輩にあたる超古代の人々は、自然への感謝の祈りを大切にしてきました。そして、本質の自分を知って、ハートに羽をもっていました。

「アマテラス」とは、内なる光のことであり、あるがままの自分のことです。

みんながあるがままの自分を思い出せば、みんなが神様になり、次元が上昇します。

そして、究極のしあわせの次元を構成する最高の光のエネルギーとは、ワンハートから生まれた和のこころです。

未来に光を　ワンラブ♡

(1)　楢崎皐月（一八九九〜一九七四）上古代の日本に存在していたといわれるカタカムナ人の科学古文書であるカタカムナ文献の解読に成功した昭和の天才科学者。
(2)　相似象　楢崎皐月氏の解読したカタカムナ文献の成果を後継者である宇野多美恵氏が著した文書。
(3)　波動の法則　足立育朗　ＰＨＰ研究所

〈参考文献〉

『波動で上手に生きる』　船井幸雄（サンマーク出版）
『神との対話』　N・ウォルシュ（サンマーク出版）
『波動の法則』　足立育朗（PHP研究所）
『道は阿波より始まる』　岩利大閑（㈶京屋社会福祉事業団）
『狐の帰る国』　万葉の言霊　坂東一男（㈶京屋社会福祉事業団）
『阿波と古事記』　三村隆範（カムトゥゲザー出版）
『阿波超古代ロマン紀行』　林博章（阿波ペトログラフ研究会）
『古事記』（新潮社）
『神字日文解』　吉田信啓（中央アート出版社）
『天皇家の大秘密政策』　大杉博（徳間書店）
『超図解竹内文書』　高坂和導（徳間書店）
『マヤの暦はなぜ二千十二年十二月に終るのか』　高橋徹（ヴォイス）
『完訳秀真伝』　鳥居礼（八幡書店）
『モーゼの裏十戒』　酒井将軍（八幡書店）
『日本超古代文明のすべて』（日本文芸社）

『神々の遺産　オーパーツの謎』（学研）
『相似象』　宇野多美恵（相似象学会事務所）
『国民の歴史』　西尾幹二（産経出版社）
『星座天体観測図鑑』　藤井旭（成美堂出版）
『古神道　神道の謎を解く』（新人物往来社）
『開かれた封印　古代世界の謎』（主婦と生活社）
『気の身体術』　坪井香譲（工作舎）
『縄文フィロソフィー』　村田静枝（たま出版）
『岩波　仏教辞典』　中村元他（岩波書店）
『ナチュラル・マインド』　A・ワイル（草思社）
『マリファナ・ブック』　R・ロビンソン（オークラ出版）
『ヘンプがわかる55の質問』　赤星栄志（日本麻協会）
『奇跡のホルモン・メラトニン』　R・ライター（講談社）
『ムー大陸の謎』　金子史朗（講談社）
『プレアデス＋地球をひらく鍵』　B・マーシニアック（コスモ・テン）

ヘンプ産業のネットワーク

二十一世紀の社会において、地球環境の保全とかけがえのない生命の保護は、地球規模での最重要課題であります。

現在、日本でも環境の修復と伝統文化の継承は急務であり、次世代によりよい世の中を橋渡ししていく意味でも、これらの活動は最大のテーマといえます。

循環型社会を構築するためには、いままでの古い国家システムに依存しない自立した地域産業の確立と正確な情報の確保が不可欠です。そのためには、ヘンプのように様々な用途があり、環境にやさしい一年サイクルの天然資源が必要になります。

循環型の新しい産業を担う可能性があることから、様々な人たちが、このヘンプ産業に着眼し、現代産業の資源のひとつとしてヘンプを推進する活動に尽力しています。

ヘンプという植物の可能性から、自由で平等で真に平和な世の中へのヒントを見いだしている地球の仲間たちからのメッセージが聞こえてきます。

現在、産業的かつ伝統的な目的でヘンプを通して環境的な業務やすばらしい活動を実際にされている個人及び団体を以下にご紹介します。

素直に考えて、ヘンプは地球にやさしく、産業的な活用は理にかなっているのですから、ヘンプ産業の未来を心から願います。

ヘンプ関連の法人・団体&ショップ

★ナチュラルショップあまむ
ナチュラルな製品をお届けしている地球にやさしいスピリットを発信しているショップ。
〒〇八五—〇〇〇七　北海道釧路市堀川町五—三八
TEL&FAX　〇一五四—二三—五五九四

★ツムギテ
麻製品や自然素材、からだやココロにやさしい食品、雑貨、衣類を扱っているマザーショップ。
〒〇七八—八三〇三　北海道旭川市緑が丘三条三—一—一一　三丁目ビル1階
TEL&FAX　〇一六六—七四—三三一一

★大麻博物館
日本一の大麻生産地域にあるヘンプショップ&ミュージアム。
〒三二五—〇三〇三　栃木県那須郡那須町高久乙一—五
TEL　〇二八七—六二—八〇九三

★有限会社　ウィール　Wheel
アパレルヘンプウェアーを中心にニューエイジグッズなども販売している洗練された現代的ヘッドショップ。
〒三二六—〇〇五五　栃木県足利市永楽町七—一二
TEL&FAX　〇二八四—四四—三三五二

★ASAFUKU（麻福）
中国大手企業ヤンガートレーディングの麻の繊維製品を多数取り扱っている環境にやさしいショップ。
〒一一一—〇〇五三　東京都台東区浅草橋三—二八—二　高木ビル3階

TEL　〇一二〇―九八三―二二四
FAX　〇一二〇―九八三―四四七

★有限会社　足と靴の相談室エルデ
ドイツ製の大麻の断熱材「テルモハンフ」を扱っている会社。
〒一六一―〇〇三一　東京都新宿区西落合三―二〇―九
TEL　〇三―三九五二―二四一四
FAX　〇三―三九五二―二四三六

★医療大麻を考える会（事務局）
日本国内での医療大麻の必要性をアピールし、人権的な観点から、医療目的での使用の実現を目指す市民団体。
〒一七〇―〇〇一三　東京都豊島区東池袋二―四五―八　エコービル202号室
TEL&FAX　〇三―三九八〇―五三五五

★有限会社　縄文エネルギー研究所
ヒーリングヘンプ製品の研究、開発を軸にヘンプを活用した循環型産業のコーディネート及びコンサルタントをしている会社。
〒一〇〇―〇二一二　東京都大島町波浮港一七
TEL&FAX　〇四九九二―四―一一三六

★Jasmine Bodyworks
身体の声を聞くをコンセプトに、こころ・からだ・スピリットのバランスを整えるスピリチュアルアロマ・サロン。
〒二四〇―〇一〇五　神奈川県横須賀市秋谷五二九〇―一　南葉山コミュニティサロンSHAKTI内（南葉亭1階）
TEL　〇九〇―九三二三―八七四七

★手打そば　くりはら
里山のゆるやかな空気と蕎麦の持ち味を生かした自然味あふれるお店で「麻ひしおそば」は絶品。
〒二五九―一三二二　神奈川県秦野市渋沢二〇九八
TEL&FAX　〇四六三―八八―一〇七〇

★晴れ屋
大切な地球を守るためエコ雑貨を提供する自然食カフェのあるオーガニックライフをサポートするお店。
〒二四三―〇〇一八　神奈川県厚木市中町二―八―六　中町ビル2階
TEL&FAX　〇四六二―九五―一一六一

★元祖へっころ谷
手打ちほうとうや麻の実オイルや麻炭を使った創作料理がおいしい地域交流を大切にしている田舎風のお店。
〒二五二―〇八一三　神奈川県藤沢市亀井野三―三〇―一
TEL　〇四六六―八二―一七〇二

★Oromina（オロミナ）
ヘンプを中心とした洗練されたウェア、バッグ、雑貨を扱うお店。
〒二二四―〇〇〇三　神奈川県横浜市都筑区中川中央一―二五―一　ノースポート・モールB2階ナチュラル＆ハーモニックプランツ内
TEL＆FAX　〇四五―九一四―七〇六二
URL　http://www.oromina.com

★有限会社　菊屋　蚊帳の博物館
ヘンプ一〇〇%の蚊帳を復活させた伝統を重んじる日本でも数少ない蚊帳メーカー。
〒四三八―〇〇七八　静岡県磐田市中泉二三三五
TEL　〇五三八―三五―一六六六
FAX　〇五三八―三五―一七三五

★パヤカ
アジアの隠れ家的リゾートの店内は遊び心たっぷりで、おしゃれなヘンプウェアーを中心としたライブショップ。
〒四三二―八〇二四　静岡県浜松市中区鴨江四―一九―一二
TEL　〇五三―四五一―六九〇六

★岐阜県産業用麻協会
美しい山里の環境を守り、貴重な伝統を保護していくことを真剣に考え、麻産業を推進している協会。
〒五〇三―二五〇一　岐阜県揖斐郡揖斐川町春日美束二二二八―一
TEL＆FAX　〇五〇―五二〇五―二〇四六

★Vegans Cafe and Restaurant
究極の健康食を追求している本物カフェ。麻の食材を活用した心のこもった安全な食を提供。
〒六一二―〇〇二九　京都府京都市伏見区深草西浦町四―八八
TEL　〇七五―六四三―三九二二

★京都麻業　株式会社
麻の繊維製品全般の製造、販売を行う会社。創業以来、麻のことなら何でも対応してきた伝統的な麻繊維業者。
〒六〇四―八四一二　京都府京都市中京区西の京南聖町一
TEL　〇七五―九三三―八一〇〇
FAX　〇七五―九三二―二七二九

★株式会社　トータルヘルスデザイン
洗練されたヘンプ製品の普及・販売でヘンプ産業のお手伝いをしてくれる美と健康をお届けする会社。
〒六一九―〇二二三　京都府木津川市相楽台九―一―一
TEL　〇七七四―七二―五八八九
FAX　〇七七四―七三―三七四〇

★京都麻業株式会社　麻小路
古来の麻から現代の麻まで、幸せを呼ぶという麻の生活用品から民芸品まで豊富な品ぞろえと確かな経験、麻のことなら何でもの老舗。
〒六〇四―八三〇三　京都府京都市中京区御池通堀川西入猪熊角
TEL　〇七五―八四一―五〇〇〇
FAX　〇七五―八一一―二一八四

★遊・NAKAGAWA
〒六三〇―八二一二　奈良県奈良市元林院町三一―一
TEL　〇七四二―二二―一三二二

★宇野タオル
とても心地の良いヘンプの波動タオルを開発、製造販売している心のこもったタオルメーカー。
〒七九九―一五一一　愛媛県今治市上徳乙五四―七
TEL　〇八九八―四八―二一八六
FAX　〇八九八―四七―三三〇六

★まなか商店
麻製品のマルシェを各地で開催し、イベントや講演会の企画を行う御縁と真心を大切にしている商店。
〒八一九―〇〇五五　福岡県福岡市西区生の松原四―一一―五
TEL　〇九〇―二一〇〇―二七九八

★ヒーリングサロン ひいらぎ
ヘンプのアクセサリーづくりと販売を手懸け、お母さんや子供たちを応援する癒しのサロン。
〒八一九―一五六一　福岡県糸島市曽根五〇七―一八
TEL　〇八〇―四二八九―七五一〇

★株式会社　ウインドファーム
ブラジル・エクアドルの無農薬コーヒー豆に麻の実を混ぜた大麻コーヒーの製造会社。
〒八〇七—〇〇五二　福岡県遠賀郡水巻町下二西三—七—一六
TEL　〇九三—二〇二—〇〇八一
FAX　〇九三—二〇一—八三九八

★株式会社　グラスマイル
環境にやさしいヘンプ素材のマテリアルを提供することで人々の生活をサポートする情熱たっぷりのエコワークスのチーム。
長崎事務所　〒八五二—八〇四三　長崎県長崎市西町一六—一七—一〇三
TEL　〇九五—八四二—七七二〇
FAX　〇九五—八四二—七七二五

★麻こころ茶屋
麻の実料理と手作りグッズを販売する心温まる移動式雑貨茶屋。
〒八六九—三六〇二　熊本県天草市大矢野町上六五八六—三
TEL　〇九六四—二七—五六五七
URL　http://www.macocorochaya.com

★LOVE　LAND
〒八六九—一四〇四　熊本県阿蘇郡南阿蘇村河陽坂ノ上三八一四—四
TEL&FAX　〇九六七—六七—二八一〇

★麻鳥船商店
麻製品を中心に自然にやさしい商品の販売とイベントの企画をしている心温まる家族商店。
〒八九二—〇八六一　鹿児島市東坂元二—六一—一六
TEL　〇九〇—七五三三—八八七九

★あきもと食品
良質なヘンプオイルと健康食であるカナダ産のヘンプハーツを販売しているヘンプ食品店。
〒八九四—〇三三一　鹿児島県大島郡龍郷町嘉渡四四六
TEL　〇九九七—六九—三六二一
FAX　〇九九七—六九—三六四一

★サロン・ド・ヘンプ
EM加工した麻炭Cosmic Hempやミラクルヘンプ製品を製造販売しているハートフルな展示ショップ。
〒九〇六—〇一〇八　沖縄県宮古島市城辺ウルカ一

九三—二
TEL　〇五〇—五二〇四—一〇九三

★スマイルサロン　シャローム

フットセラピー、ヘンプ、マヤ暦を通して、心身の癒しのお手伝いをしてくれる笑顔があふれるサロン。
〒九〇三—〇八二五　沖縄県那覇市首里山川町三—五七
TEL　〇九八—八八四—五四六七
FAX　〇九八—八八四—三〇六三

★産業用HEMP促進プロジェクト　MU　DREAM　UNION

離島対策として、海洋汚染と地下汚染を修復し、新たな地場産業につながるヘンプを推進している市民団体。
〒九〇六—〇一〇八　沖縄県宮古島市城辺砂川一九三—二
TEL&FAX　〇五〇—五二〇四—一〇九三

★すばらしい活動をされている有志の心の和が、麻の葉模様のように広がりますように★

Heart　Hemp

「ハートヘンプ」とは、
地球にやさしい大麻のリアリティを
心のプラネットを通して、
素直に表現していく自己プロジェクトです。

あとがき

本書をお読みくださいまして、まことにありがとうございました。

自分なりに、こころから精一杯お伝えさせていただいたと思います。

今の日本には、大麻取締法という法律が存在します。許可なく大麻草を所持、栽培することは法律で固く禁止されています。

したがって、いくら大麻に有用性と可能性があったとしても法律を無視することはできませんし、それは本書の意図ではありません。

本書は大麻取締法にそって、産業的かつ伝統的に有効活用できる必然性と大麻という植物を通して、もっと深い人類の集合意識と人間のこころにフォーカスした気楽な自分とのコミュニケーションの書です。

これからも皆さまのよりよい生活に、なんらかの希望ある貢献ができると確信し、私の研究の場である「縄文エネルギー研究所」一同、心をつくして精進してまいりたいと思います。

是非、応援してやってください。

新世紀を迎え、様々な社会問題の打開と根本的な改革が求められるなか、本書がすこしでも人類のよりよい社会づくりのためにお役に立てれば幸いです。

それと同時に皆さまの心の中に一筋の光となることを願ってやみません。


最後に、この本の出版にご助力いただいた、株式会社船井総合研究所の船井幸雄会長、出版を快く引き受けていただいた、株式会社評言社の安田喜根社長、私の講演のテープおこしをもとに原稿の骨子にご尽力いただいた大野朝行様、本文中の麻関係の資料及び挿し絵のコンピュータ処理を手伝っていただいた、田村元一様に、この場をお借りしまして、心より感謝と御礼を申し上げます。ありがとうございました。

また、サヌキ（香川）・アワ（徳島）の大地と敬愛する土地の人にも深く感謝いたします。

そして、世界中のヘンプファミリーの仲間たちと光のエンジェルたち、最後までおつき合いいただいた読者の皆さまの幸福をお祈りし、また、これからのすばらしい世の中を信じて、全開でハートヘンプのエネルギーを送ります。

この星が平和でありますように。

大感謝　◯

夜が明けたら朝が来る
世が開けたら麻が来る
神様の麻《ま》ことのひとりごと

二〇〇一年　九月四日　麻礼

中山康直

中山康直（なかやま・やすなお）
縄文エネルギー研究所所長／名誉民族精神学博士

1964年　静岡県生まれ、幼少の頃より精神文化の影響を受け継いで育つ。
1978年　臨死体験から未来の惑星文化の記憶を授かる。
1987年　古代の叡智の重要性と麻の無限の可能性に気づき、調査、研究を開始する。
1993年　民族学的研究から導き出された「テトラ精神理論」を通して、超古代のライフクリエーションといえる「直感体験科学」を確立する。
1997年　民間人としては戦後初めて「大麻取扱者免許」を取得、大麻栽培と麻エネルギーの研究開発を手がける。
1998年　循環社会の構築に貢献するための機関として「縄文エネルギー研究所」を設立、ナチュラル・テクノロジーをコンセプトに神宮麻文化の研究とヘンプ製品の開発及び発明を行う。
2000年　惑星間の生態系ネットワークの進化と麻の関係性を研究し、未来社会に貢献する実践活動を始める。
2002年　ヘンプカープロジェクト2002実行委員長兼運転手を務め、ヘンプオイルで日本を縦断するという偉業を達成する。
2003年　「地球維新」という環境と平和をテーマとしたTVドキュメンタリー番組を企画し、大変な反響を得る。
2005年　民俗精神学名誉博士号を授与される。
2008年　地球維新元年、様々な講演会、イベント企画、番組プロデュース、企業コンサルタントを通して、誰もが楽しめる社会を提言。
2011年　3.11後から2013年にかけてヘンプカープロジェクトを再開、北海道・東海・四国・近畿・東北、約12,000キロを走破する。
2014年現在　宇宙、地球、生命という壮大なテーマへの探求と学術、芸術、氣術を統合した実践活動を行っているピースクリエーター。

著書に『地球維新』（共著：明窓出版）、『2012年の銀河パーティ』（共著：徳間書店）、『反転の創造空間《シリウス次元》への超突入！』（共著：ヒカルランド）などがある。

麻《ま》ことのはなし　ヒーリングヘンプの詩と真実

2009年　1月　30日　第2版　第1刷発行
2014年　4月　10日　　　　第3刷発行

著　者――中山康直
発行者――安田喜根
発行所――株式会社 評言社
東京都千代田区神田小川町2-3-13
M&Cビル3F（〒101-0052）
電話03-5280-2550（代表）
http://www.hyogensha.co.jp
印刷／製本――モリモト印刷 株式会社

ISBN978-4-8282-0277-8　C1039

＜縄文エネルギー研究所の活動案内＞

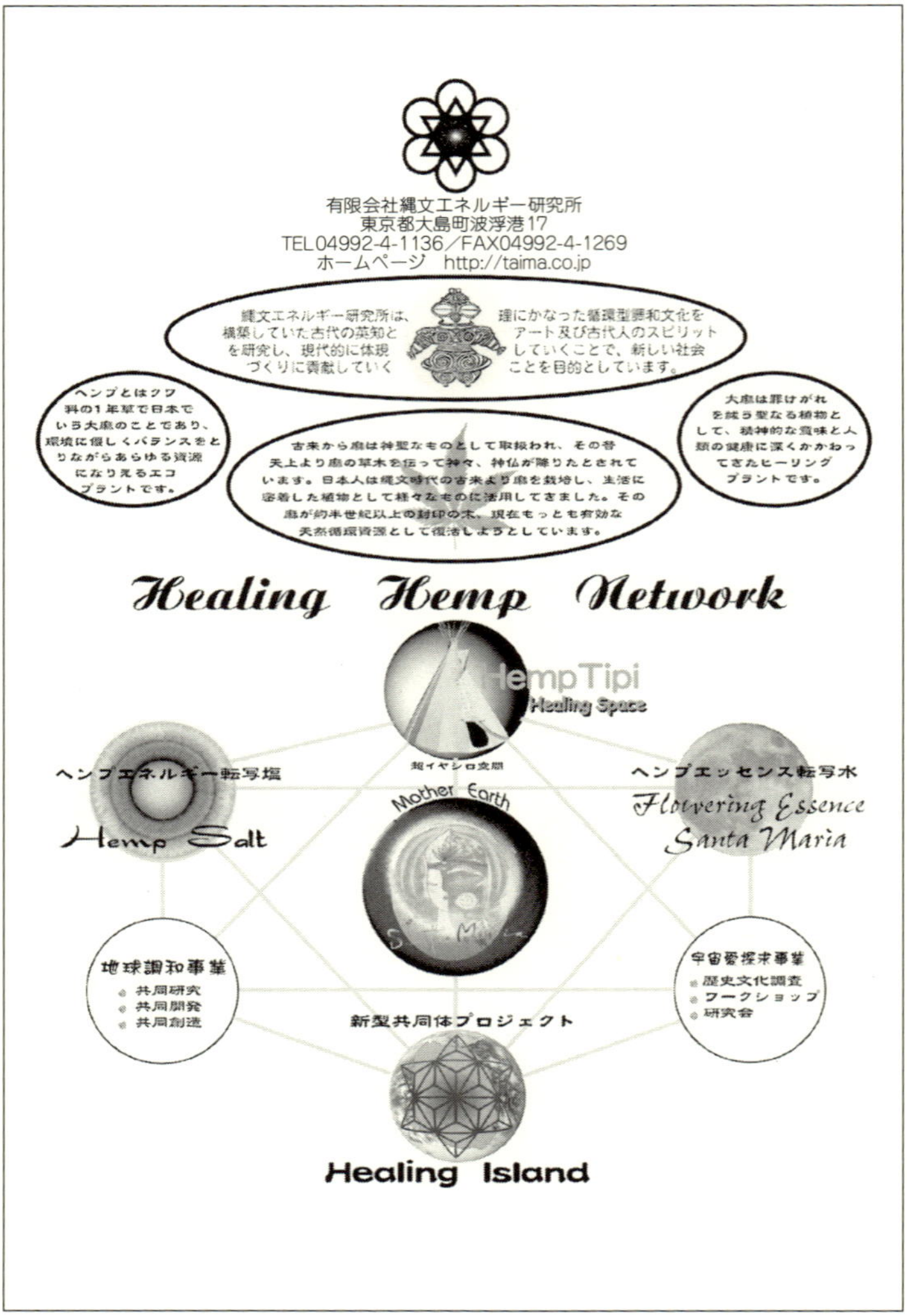

有限会社縄文エネルギー研究所
東京都大島町波浮港17
TEL04992-4-1136／FAX04992-4-1269
ホームページ　http://taima.co.jp
縄文エネルギー研究所は、理にかなった循環型調和文化を
構築していた古代の英知とアート及び古代人のスピリット
を研究し、現代的に体現していくことで、新しい社会
づくりに貢献していくことを目的としています。
ヘンプとはクワ科の1年草で日本でいう大麻のことであり、環境に優しくバランスをとりながらあらゆる資源になりえるエコプラントです。
古来から麻は神聖なものとして取扱われ、その昔天上より麻の草木を伝って神々、神仏が降りたとされています。日本人は縄文時代の古来より麻を栽培し、生活に密着した植物として様々なものに活用してきました。その麻が約半世紀以上の封印の末、現在もっとも有効な天然循環資源として復活しようとしています。
大麻は罪けがれを祓う聖なる植物として、精神的な意味と人類の健康に深くかかわってきたヒーリングプラントです。
Healing Hemp Network
HempTipi
Healing Space
超イヤシロ空間
ヘンプエネルギー転写塩
Hemp Salt
Mother Earth
ヘンプエッセンス転写水
Flowering Essence
Santa Maria
地球調和事業
共同研究
共同開発
共同創造
宇宙愛探求事業
歴史文化調査
ワークショップ
研究会
新型共同体プロジェクト
Healing Island